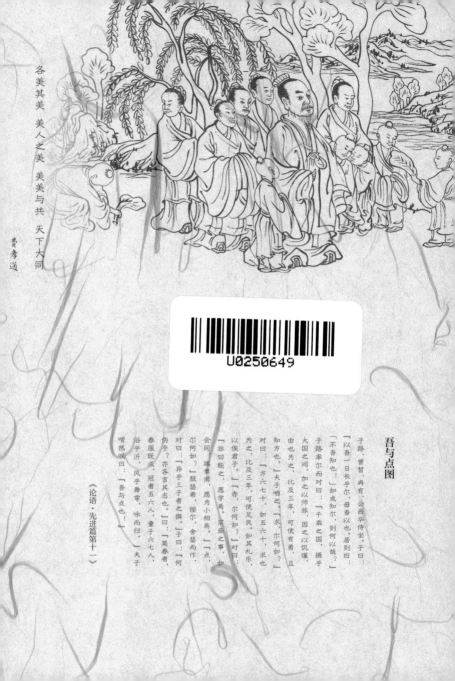

各美其美 美人之美 美美与共 天下大同

费孝通

吾与点图

子路、曾皙、冉有、公西华侍坐。子曰：「以吾一日长乎尔，毋吾以也。居则曰：『不吾知也！』如或知尔，则何以哉？」

子路率尔而对曰：「千乘之国，摄乎大国之间，加之以师旅，因之以饥馑，由也为之，比及三年，可使有勇，且知方也。」夫子哂之。「求，尔何如？」

对曰：「方六七十，如五六十，求也为之，比及三年，可使足民。如其礼乐，以俟君子。」「赤，尔何如？」对曰：「非曰能之，愿学焉。宗庙之事，如会同，端章甫，愿为小相焉。」「点，尔何如？」鼓瑟希，铿尔，舍瑟而作，对曰：「异乎三子者之撰。」子曰：「何伤乎？亦各言其志也。」曰：「莫春者，春服既成，冠者五六人，童子六七人，浴乎沂，风乎舞雩，咏而归。」夫子喟然叹曰：「吾与点也！」

《论语·先进篇第十一》

欢聚一谈的茶客

袁鹰 编

为什么说四川人能言善辩跟

坐茶馆很有关系？

湖南文艺出版社

图书在版编目（CIP）数据

欢聚一谈的茶客 / 袁鹰编 . -- 长沙 : 湖南文艺出版社 ,2019.5（生活美学馆）

ISBN 978-7-5404-8915-1

Ⅰ . ①各… Ⅱ . ①袁… Ⅲ . ①茶文化 - 中国 Ⅳ . ① TS971.21

中国版本图书馆 CIP 数据核字 (2018) 第 287722 号

本书部分文字作品稿酬已委托中国文字著作权协会转付，敬请相关著作权人联系。
电话：010-65978917，传真：010-65978926，E-mail: wenzhuxie@126.com

欢聚一谈的茶客

HUANJUYITAN DE CHAKE

袁鹰 编

中南出版传媒集团有限公司

湖南文艺出版社

出版人 曾赛丰

责　编 刘茁松

策　划 施　亮

绘　图 申和平

湖南雅嘉彩色印刷有限公司

开本 880mm×1230mm 1/32　印张 14.5 字数 200 千

2019 年 5 月第 1 版　2019 年 5 月第 1 次印刷

书号 ISBN 978-7-5404-8915-1

定价 49.00 元

三高出版：　作品水平高 图书定价高 阅读兴致高

目录

序　袁鹰

新篇清目勝真茶

序

袁　鹰

人生的妙谛，人类的至情，文化的菁华，艺术的真善美，往往蕴育于日常生活的起居、行止、交往、饮食之中。"此中有真意，欲辩已忘言"，那自然是臻于化境。但多数时候，还是可以辩可以言的，也可以写一篇篇一首首脍炙人口的佳作。

据说，以饮茶闻名世界的英国人，其饮茶史已逾三百多年，是从中国西去的舶来品。英文的 cha 和 tea，都源自汉语（后者是福建音）。在我们自己，则至少亦在千年以上了。《诗经》里《大雅·绵》有"周原膴膴，堇荼如饴"句，可作明证。千百年来，茶成为开门七件事之一，虽是叨陪末座，却不可或缺。上自帝王贵族、文人学士，下至市井庶民、贩夫走卒，日常起居，可以无酒，不可无茶。十三亿人口，饮茶人肯定比酒徒、酒鬼多出不知多少倍，尽管酒的名声大得多。

饮茶，真个是老少咸宜，雅俗共赏，无论是喝大海碗的大碗茶，或是小酒盅似的工夫茶，无论是喝"大红袍"一类的贡茶，或是四级五级花茶末，甚至未经焙制的山茶，其消乏解渴、称心惬意，大致都是相同的。何况春朝独坐、寒夜客来之际，身心困顿、亲朋欣聚之时，一盏在手，更能引起许多绵思遐想、哀乐悲欢、文情诗韵、娓娓情怀、款款心曲……以至历史、地理、哲学、宗教、科学、技艺民俗等等方面思维情愫的流动和见闻知识的涉猎，都能给纷扰或恬静的生活平添几缕情趣。

酒使人沉醉，茶使人清醒。几杯茶罢，凉生两腋，那真是"乘此清风欲归去"了。

几年前访日本京都，听里千家主人千宗室先生介绍日本茶道的"和敬清寂"四个字，虽然还不甚了解，但恍惚间似乎感到有心意相通之处。

"何以解忧？唯有杜康。"这千古名句，也许只是曹孟德当年兴到落笔。后人不断重复这两句诗，却又不断以自己的体会否定了它。茫茫人世，忧思、忧虑、忧愁、忧患千桩万种，区区杜康何能消解那许多？若是二三知己，品茗倾谈，围炉夜话，如潺潺春水，汨汨清溪，倒可以于相互慰藉中真的分忧解愁。我自己有切身感受。十年前，林林同志七十华诞，我曾作俚句一律相贺，中有一联："小院灯黄情思远，西楼茶酽笑谈浓。"诗意平平，写的却是实事。十年动乱中，我们在京华北城净土胡同比邻而居，时相过从，常在他家楼上一边喝工夫茶，一边无所顾忌地纵谈时事。窗外寒风凛冽，室内炉火熊熊，喝了几道乌龙茶，将一切愁思郁闷都抛诸脑后，于是踏月回到我独自索居的小院。此情此景，已恍如隔世，而他家乌龙茶微带苦涩的滋味，至今还留在齿颊间。尤其是乱离艰危之世，更觉难忘。请读者浏览一下本书中许多作者对自己种种不同遭际中饮茶经历的回忆，便可知愚见不谬了。

范仲淹《斗茶歌》中有句云："吁嗟天产石上英（指茶叶），论功不愧阶前蓂（指传说中的瑞草）。众人之浊我可清，千日之醉我可醒。"又写到若遇到好茶出世，"长安酒价减千万，成都药市无光辉。不如仙山一啜好，泠然便欲乘风飞。"把盏一啜，便欲乘风飞去，不免有点夸张，却也见希文先生对饮茶确是一往情深。为茶评功摆好、尽力渲染的远不止范希文一人。于冠西同志寄稿来时，惠赠一册《中国古代茶诗选》，钱时霖先生选注，浙江古籍出版社出版。展读之际，不禁大喜。过去虽曾读过些茶诗，实未料到竟有如此之多，真是孤陋寡闻。据钱时霖先生说，他于从事茶叶研究之余，陆续收集到的古代茶诗已有一千余首，编入此书的，亦有自唐至清二百余首。此书印了一万册，但是无缘读到的肯定还有成千上万。我愿推荐给嗜茶又爱诗的读者，这些诗将茶和诗融为一体，其中不少又将留连山水和品茗畅叙相连，更觉清风习习，韵味无穷。

钱时霖先生在那本茶诗选前言中，提到有人将苏东坡两首诗中的名句集成一副对联，天下饮茶同好不妨将它悬在壁间，茶烟浮绕之时，或许能助你进入悠然神往、心灵纯净的境界：

欲把西湖比西子，

从来佳茗似佳人。

注：本书原版，名《清风集》，今再版，已改名，责编对收文略有增删。

西湖茶事

于冠西

喝好茶，是要用盖碗的。

少时读陆游《临安春雨初霁》诗，读到"晴窗细乳戏分茶"，总对"分茶"一词不得其解。后来，长居杭州，便中请教专家，才知道"分茶"是宋元时煎茶品茗中的一种逸趣。茶煎汤后，上浮细沫如乳，用箸搅之，使汤水波纹幻变成种种形状，借以观赏。杨万里《澹庵坐上观显上人分茶》一诗，曾专门记述了老僧分茶时茶汤中显现的奇妙景象："纷如擘絮行太空，影落寒江能万变。"曾见有的注家，把陆诗中"晴窗"一句注为：借晴窗之光，分拣茶叶，鉴别质量等级。释义欠准确。宋时所用都是饼茶、团茶，尚无散茶制法，如何分拣？

上述放翁这句诗也使人知道当时茶中上品其浮沫色白如乳，色翠绿者即非上乘。所以，蔡襄为范仲淹改诗一事，曾传为文坛佳话。蔡将范诗中"黄金碾畔绿尘飞，碧玉瓯中翠涛起"改为"黄金碾畔玉尘飞，碧玉瓯中素涛起"。身居龙图阁直学士高位的范仲淹，对此谦逊而感佩地说："君善鉴茶者也，此中吾语之病也。"蔡曾任福州、杭州知州，对茶确有研究。《茶录》一书，就是他论茶、论茶器兼论烹茶之法的专著。

昔日茶色贵乳白，后世茶色贵翠绿，大约主要是制茶及煎泡方法不同的缘故。据记载，古人饮茶，开始是用野生鲜叶，到了曹魏始有采叶做饼的方法，目的是方便携带和保存。唐代发明了蒸汽杀青捣碎制饼烘干法，宋代又有于蒸青之后压榨去汁做成蒸青团茶之法。那时饮茶，要将茶饼或茶团弄碎碾细，置于容器烹煮，饮时连同茶末一同下咽。所以唐宋诗文中均称"煎茶""烹茶""煮茶"，而无"冲茶""沏茶""泡茶"之称。陆游、杨万里时代的文人墨客、僧尼道士以"分茶"为茶道中之一乐事，就是这么来的。

西湖群山皆产茶。西湖种茶始于何代何人，其说不一，《西湖志》等书对此亦乏详确记述。但在唐代陆羽所著的《茶经》中，已有杭州天竺、灵隐二寺产茶的记载。当时所产之茶，名为"白云茶""香林茶""宝林茶"。至北宋苏东坡知杭州时，对西湖种茶的历史曾有考证。他认为西湖最早的茶树，在灵隐下天竺香林洞一带，是南朝宋诗人谢灵运（385—433）在下天竺翻译佛经时，从天台山带来的。故苏诗中有"天台乳花世不见"，林逋诗中有"白云峰下两枪新"等句（白云峰在上天竺）。此说和《茶经》之记载正相吻合。如以此说推断，西湖种茶最迟当始于南北朝，距今已有一千五百余年的历史。而倡导种茶者，多与从事宗教佛事的人士有关。所以，除野生之茶外，古代人工种植之茶树，多在名山古刹附近。据专家说，这是因为寺庙僧尼均奉斋戒，以茶代酒；而且饮茶可以提神，避免在坐禅修行时为睡魔所扰。

饮茶而讲究茶叶，始于唐代。推重何处出产之茶，则因年代而不相同。如唐代重阳羡（今江苏宜兴）茶，宋重建州（今福建建瓯）茶，清代则重武夷茶、龙井茶。

可见西湖龙井茶之名重于世是比较晚的。

龙井茶至清代始得被推重，这大约和上述制茶工艺的演进有关。制茶由饼茶、团茶而逐渐演进为后来的散茶；饮茶由烹、煮演进为后来的冲、沏，是明清以来的事。演进的原因，是后者较之前者制作简便，省工省时，更重要的是保持了茶叶的色、香、味、形，大大提高了茶汤的品质和品茗的真趣。

西湖龙井茶，就是在这种演进中，充分显示了它们的优势，以其色香味形"四绝"而后来居上、独步天下的。

西湖群山依江带湖，气候温和，雨量充沛。尤其在春茶旺发时节，不时细雨蒙蒙，山坡溪涧之间的茶园，时与云雾为侣。加以茶园多系微酸砂质土壤，通气透水，有效磷含量丰富，非常适宜茶树的生长。其中尤以狮峰、龙井、云栖、梅家坞所产之茶品质最优。昔日即按此分为"狮""龙""云""梅"四个品类。近几十年来，已将其归并为"狮""龙""梅"三个品类。其中以狮峰龙井为诸茶之冠，1981年曾荣获国家金质奖。

"龙井茶"之名，既是以其产地命名，又是以其世传的独特的制茶技艺命名。所以，产于西湖者或产于杭州郊县者，凡以其技艺所制之茶，均称之为"龙井茶"。但不产于西湖者，皆称之为"浙江龙井"，以与"西湖龙井"相区别。

龙井茶的外形和内质皆美，除产地天时地利条件外，全赖其精湛的炒制工艺。炒制特级龙井，全用手工操作，分"青锅"和"辉锅"两道工序，其间不经揉捻，是制作上的一大特色。炒茶温度控制全凭手感，炒制过程有"抖、带、挤、甩、挺、拓、扣、抓、压、磨"等十大手法。熟练地掌握这一系列手法，决非一朝一夕之功。炒制一市斤特级龙井茶，需用手工采摘、精心挑选的三万至四万只芽头，炒制时间达四小时之久。所以，龙井上品来之不易。

常言道："好茶尚须好水""茶贵新、水贵活"。西湖除产好茶外，还有好水与其相配，真是得天独厚。《西湖志·山水》所载之名泉、名涧、名井多不胜数，多为品茗之佳水。如今最著名的莫过于虎跑泉、龙泓井。其他尚有灵隐之冷泉（实为涧水）、灵峰南麓之玉泉、葛岭背后之白沙泉等等。虎跑泉位于大慈山麓定慧禅院之中，泉清冽而甘寒，古时与龙井、玉泉、郭婆井、吴山泉，并称为"杭之圣水"。如于清明前后，去虎跑、龙井等地，得新制之"明前""雨前"特级龙井少许，置于杯中，以煮沸而稍降温之新鲜泉水冲泡，但见杯盏中朵朵芽片，芽芽直立，一枪（芽尖）一旗（嫩叶），徐徐舒展，缓缓摇曳下沉，其形天然完美，栩栩如生。若所用茶具是明洁的无色玻璃杯，此时若迎着日光看去，只见嫩绿芽片上的茸茸细毫，与茶汤中上下翻腾之细小茶素，晶莹闪灼，交相辉映，展现出一片春的生机。茶汤之色，淡雅素净，宛若早春三月烟雨空蒙中湖山所透出的一片新绿。随着杯中茶气的蒸腾，其气之香，介于有无之间，如龙井幽谷所产之素兰，嗅之则无，无意中却沁人心脾，大有君子之风。至于茶汤之味，更是轻清无比，若细细品啜，则觉清而不醇，甘而不冽，口颊生香，芬芳隽永。假日工余，若得于此山水佳处凭窗静坐，品此好茶，实是一大雅事，一大乐事。

周恩来总理生前最爱饮龙井茶。来杭时，公务之余，常自杭州饭店（他不住别墅，只住杭州饭店五楼）出行过西泠桥，沿白堤去孤山前的楼外楼等处品茶。每次品过，均嘱随行同志代为照价付钱。住在宾馆喝茶亦照价付款。而且上午冲泡一杯，品尝之后，嘱服务员不要倒掉，下午仍继续冲饮。他曾对人说，一杯龙井，数百嫩芽，由采到制，来之不易，物力民力应当爱惜。周总理与西湖茶农交谊很深，每次来杭，必去龙井、茅家埠、梅家坞等地访问茶农，了解茶事民情，同干部座谈发展规划，同采茶能手在茶园聊天，鼓励茶区努力增加产量，提高质量，以弘扬祖国的茶文化，使龙井茶能为国内外更多的人士所享用、所喜爱。他曾称梅家坞是他联系各层群众的蹲点单位。只此一地，他就先后去过五次，可说是全村妇孺皆识。

朱德总司令生前不只喜爱杭州之兰（杭州花圃兰花室之匾额即其亲笔所题，并曾赠亲自培育的茶花珍贵品种），而且喜爱西湖之茶。他老人家也曾不止一次去茶乡访问，并有《看西湖茶区》七绝一首："狮峰龙井产名茶，生产小队一百家。开辟斜坡四百亩，年年收入有增加。"

鲁迅先生虽为浙人，但平日似不讲究饮茶。有一回上海某公司廉价卖茶，先生以每两洋二角去买来二两。他在一篇杂文中写道："开首泡了一壶，怕它冷得快，用棉袄包起来，却不料郑重其事的来喝的时候，味道竟和我一向喝着的粗茶差不多，颜色也很重浊。我知道这是自己错误了，喝好茶，是要用盖碗的，于是用盖碗。果然，泡了之后，色清而味甘，微香而小苦，确是好茶叶。"他认为"有好茶喝，会喝好茶，是一种'清福'"。"假使是一个使用筋力的工人，在喉干欲裂的时候，那么，即使给他龙井芽茶，珠兰窨片，恐怕他喝起来也未必觉得和热水有什么大区别罢。"（《准风月谈·喝茶》）郁达夫和鲁迅不同，他是喜吃好茶、会吃好茶的。他的《登杭州南高峰》诗中，就有"病肺年来惯出家，老龙井上煮桑芽""香暗时挑闺里梦，眼明不吃雨前茶"之句。

1984 年茶叶市场开放以来，在发展茶区商品经济的同时，西湖茶文化正在逐步兴起。杭州正在筹建颇具规模的茶叶博物馆，借以弘扬祖国茶文化的优秀遗产，普及茶叶知识，促进中外茶文化的交流，促进茶叶事业的发展。在九里松洪春桥畔的密林深处，还新建了一座古朴典雅的"茶人之家"，成为有关茶事的中外学者、专家及品茗爱好者的聚会品茗之所。在西湖茶乡，近年来又恢复了中断多年的"斗茶"活动。每逢"斗茶"，来自西湖各茶乡的数十名制茶高手，各显神通，比赛制茶。由省市十位著名茶叶专家当场评判。在1989年4月的"斗茶"中，满觉村四十九岁的茶农杨继昌，得分最高，继上届比赛获得冠军之后，又一次名列榜首，成为"斗茶双连冠"。

目前，杭州饮料市场虽遭受"可乐""雪碧""雀巢""麦氏"的强烈冲击，大街小巷，各色咖啡厅、咖啡屋鳞次栉比，但各传统茶室，特别是风景名胜之地虎跑、龙井、玉泉、吴山等处的茶室，中外茶客依然慕名而至，时常座无虚席。市区不少品茗爱好者，还于每日清晨乘车或骑车赶到虎跑等名泉之地，以各种便于携带的容器灌装泉水，运回用以冲茶。今年春季，因每日前往取水者人数过多，虎跑泉水水量及洁净程度受到威胁，报纸曾呼吁设法加以节制。可见，有千余年历史的西湖茶文化，根深叶茂，是绝不会为"雀巢""雪碧"之类的时髦挤垮的。

茶·《茶馆》和我

于是之

> 人，仿佛也是一株花、木，缺少了自家
> 的水和土，便无法生长。

题目不是自己拟的，出题的是位长者，要我由此写出文章来。

茶，只这一个字或者叫它词，文章家就可以写出一篇大文章来，义理、考据、辞章样样精到。我则作不出，我没有那么多的学问和那么广泛的兴趣，无论家里家外都认为我是一个不会生活的人。确实是的。譬如茶，我天天都喝的，但不讲究更不会品：茶具只是一个罐头瓶，放进茶叶，冲上开水，拧紧瓶盖，一喝就是一天。味道嘛，头一两口偶而尝出些馨香，下面的就差不多是牛饮，心思早已不放在茶上了。

我很羡慕那些情趣多样、知识广博的朋友。他们几乎明白生活中的一切，样样有兴趣并干得内行。对他们加于我的批评和嘲弄我甘心领受，因为都是好心，但不能长进，所谓"改也难"的便是。

"文化大革命"中我偷偷学会了饮酒。八分钱、一角二、一角七一两的都喝过，以后还喝过更好的酒。但仍不能够细心领略它们的微妙的区别，只是喜欢那种酒后醺醺然的舒服。待自己也觉出已经"语言渐多、伦次渐少"时，就要努力控制了。然而有时能见成绩，有时便会失态，昏昏睡去，不大能以自己的意志为转移了。酒，或许算得上是我生活中的一种额外的嗜好和兴趣吧。此外，好像就没有什么了。

照说生活这样单调的人，是做不得演员的。不幸做了，且做了差不多一生，成绩平平，理所当然。

一些朋友常把我和老舍先生的巨作《茶馆》这样那样地联系起来，我是不敢当的。《茶馆》是一部"群戏"，没有绝对的主角。我演的只是老舍先生笔下的许多性格中的一个，也并没有演得圆满，始终寄希望于来者。

但《茶馆》却使我较多地想起了茶，尤其是到国外演出的时候。原来喝不着热茶，就觉得任什么液体都解不得渴；到了非到卫生间接一玻璃杯生水去喝时，真觉得是十分不堪了。其实，老舍先生生前早已告诉过我们：出国得带上暖水瓶。早上，出去参观、访问之前，先将茶叶放好，泡在暖水瓶中留着回来喝。就这，他还说：也不保险。常于参观、访问归来时，国外的侍者早已殷勤地把暖瓶倒光换上新水了。

无论是老舍先生还是我们，那时都没想过《茶馆》要出国，待到真出去了时，早已把老人的谆谆教导忘却了。谁也没有带暖水瓶。渴得受不了要喝茶时，在日本就只能打电话向旅馆要开水。开水的日语大约是叫"沃悠一"，有的同志说不好时就说成"哎呦一"，对方越听不懂，我们的几位同志就"哎呦一"得越响，竟有一次使日方以为是哪个房间出了不幸，以至惊动了警卫人员——实在是抱歉极了。

在欧洲，为喝到茶曾买了几把电壶，很方便的。但每从一国演到另一国，空港照例要检查行李包，问那里边是什么。黄宗洛君，燕京大学毕业生，照例义不容辞，操英语回答。一次，没想到，宗洛英语一出，引起了检查者的惊恐，原来是他把 electric pot 误说成 electric bomb（电炸弹）了——年久不用，偶有失误，也是平常事，便在同志们中间成了笑话。

闹出这些笑话，其实都是因为一口热茶。因小见大，足见传统是不可以一概否定的。人，仿佛也是一株花、木，缺少了自家的水和土，便无法生长。换了水土仍能活着的，也有，那便是另外的一种东西了。

四川的茶馆

马识途

> 四川人能言善辩，都和四川人坐茶馆多
> 有关系。

要说到中国的茶，就自然会想到四川的茶馆。四川的茶馆和四川人的生活，有不可分离的关系。有人说四川人一辈子有十分之一的时间泡在茶馆里，这个话在1949年前来说，并非夸大之辞，那时候，城乡各地，遍布茶馆。不要说成都、重庆的大街小巷找得到大大小小的茶馆，就是在偏僻的乡场上，也必定找得到几家茶馆。如果是赶场天，比成都的茶馆还要热闹一些，茶桌子一直摆到街沿上来。

四川的茶馆，其实发挥着多功能的作用，集文化、经济以至政治的功能于一体。茶馆是大家喝茶、休息、亲谈、消遣、打发时光的好地方，也是做各种文化艺术享受的地方。在那里，你可以听到川戏，四川清音，说唱，摆龙门阵，扯乱谈，以至皮影木偶表演。当然，那里也是人发挥讲演天才的地方。在那里，大家可以高谈阔论大小事情，只要你不触犯墙上贴的"休谈国事"的禁令。在那里，你可以听到各种绘形绘声地描述着的大道小道消息。这对于那些人思想的开通，文才口才的锻炼，都是一种极好的机会。所以有人说四川人能言善辩，都和四川人坐茶馆多有关系，这且留给学者们去研究吧。

四川的茶馆所起的最大作用是：作为一个交易场所，在经济上发挥着重大的作用。主要的生意买卖都是在这里进行的。你看那些喝茶的人伸出手来，在对方的袖子里捏着对方的手，那就是在谈一笔生意了。在成都，有许多茶馆专门用来做各种行业的交易场所，在那里就是那一种行业的市场了。在这种茶馆里，设有雅座，有茶喝，有点心可吃，还可以摆酒宴请客。谈生意，十分方便。

我说茶馆可以作为文化和经济活动的场所，你可能相信；但是我要说四川茶馆也可以作为政治活动的地方，你大概就不大相信了。你说政治活动总是搞阴谋诡计的，只能在密室里进行，怎么可以在稠人广众之中谈论呢？那是你少见多怪了。在成都这个政治中心里，有许多政治活动诚然是在官老爷们的衙门里，公馆里，酒席桌上，鸦片烟铺上，姨太太的枕头边，或者枪杆子尖上解决。但是也有一些政治活动，比如卖官鬻爵，却总是由拉线的人在茶馆里和买官的人见面讲价钱。在少城公园里有一个鹤鸣茶馆，便专门进行着这种买卖。在许多茶馆里也进行着严肃的政治活动，比如我们那时候进行地下革命活动，就常常利用茶馆作为接头和开会的地方。

四川的茶馆可以分为几个档次，有少数是为高等的人提供特别服务的高级茶馆，有点像外国的高级咖啡馆。也有设备一般但比较宽舒、供应较好茶叶的中等茶馆，这种茶馆在城市里比较多。最多的是在乡镇和码头以及幺店子里的大众茶馆，给下力人提供了歇脚的地方，当然也可以进行各种交易活动。无论哪一档次茶馆都有一种传统的特点，那就是花费不多，却可以较长时间地占用茶桌。只要花上几分钱，就可以让你在那里坐它半天，办你的事情，不断有人给你上开水，还有瓜子花生和点心让你买来吃。有的人甚至中午把茶碗扣上，给茶馆打个招呼，可以下午再来喝，方便得很。有的茶馆里摆得有躺椅，你可以在那上面舒舒服服地睡上一觉，只要你睡得着，不会有人来打扰你的。至于公园里，几乎到处都有茶座，你可以休息、闲谈、打牌、下棋、睡觉，还可以去游玩。总之，四川的茶馆，实在是一个舒服的去处，是生活中绝不可以缺少的。

当然，四川的茶馆也是藏垢纳污之所。且不说那些看相、算命、卖春宫、售假药、拉皮条的人，以茶馆作为他们的活动场所，那些黑社会势力更是以茶馆作为他们的大本营。许多有点名气的茶馆，本来就是黑社会势力的头子们开的。他们窝藏盗匪，私运枪支和鸦片，买卖人口等等罪恶活动，都是在这种茶馆里策动和进行的。有时候那里也是那些黑社会势力之间进行妥协谈判的地方。他们叫作"吃讲茶"。谈得好倒也罢了，谈不好往往就叫枪杆子发言，在茶馆里乒乒乓乓地打了起来，血肉横飞，殃及无辜的茶客。真正想寻找清闲的茶客是不到那种茶馆去的。他们多是到公园或者僻静的小茶馆里去，找一个清静的角落坐下来，细细品茶，听说书，看各种社会相，自寻其乐。就是那茶倌提起晶亮的铜开水壶从一尺多高处往你茶碗里倒开水，一滴不洒的功夫，就够你欣赏的了。那铜茶船摔在桌上的声音和那各种各样的叫卖声交织在一起，就是很好的音乐。这样的文化享受，是可以提高人的精神境界的。

可惜的是 1949 年以后，茶馆被认为是藏垢纳污的地方，是前朝遗老遗少们迷恋过去的地方，是浪费群众宝贵光阴的地方，总而言之是不革命的地方，必须坚决地加以消灭，而且必须迅速地干净彻底地加以消灭。于是茶馆都被关闭了。虽然老百姓感到不方便，有意见，可是那个时候的老百姓，对于领导的一切号召都认为是革命的需要，无条件地服从。其实当时的有识之士就认为，茶馆这种地方，是可以取其利避其害的。那些污七八糟的东西，固然要彻底消灭，可是茶馆却可以作为一个文化活动中心，作为对老百姓进行宣传教育的地方，最容易为老百姓所接受。可是在几十年马不停蹄的运动岁月中，谁还有心思去说这些？于是茶馆几乎从四川的大地上消失了。在供应茶水的地方，也只见旅行用的口杯倒茶水解渴，过去的盖碗茶再也不见踪影了。我记得是六十年代初，朱德总司令到成都来的时候要喝盖碗茶，并且批评四川关闭茶馆、取消盖碗茶的不当，我听了十分兴奋。可是也不过兴奋一下而已。茶馆终归是不革命的标志，而"文化大革命"一来，作为"四旧"，理应加以消灭了。只是到了八十年代，思想解放和改革开放的东风吹起来以后，茶馆才在四川城乡大地如雨后春笋般冒了出来，更加兴旺发达起来，成为人民进行经济文化活动的方便场所，自不必说，盖碗茶也恢复了。

我已经不记得有几十年没有进过茶馆了。在那些年代里，我有公职在身，自然不敢在茶馆里去寻求那些失落的日子。到了八十年代，我工作真忙，无暇常去茶馆里欣赏那些欢乐的景象。直至今年，我忽然得到了意外的清闲，虽然一时不免有落寞之感，但终于免除了"心为形役"的苦恼。到了老之已至的七十五岁上，才悟出了无事乐的道理，尝到了"一身轻"的快乐。我终于得到了去茶馆里寻找那些失落日子的机会。我去了，那些五光十色的景象，倒没有引发我多大的激动，但是的确把我带进了过去那种在茶馆里进行革命活动的回忆中去。不管那个时候的生活多么艰险痛苦，不管多少同志在茶馆被捕牺牲，回想起当时的战斗生活仍然使人留恋不已，那才叫生活哩。我没有想到，茶馆竟成为我现在寻求快乐的地方。然而这也说明，我的确是老了，早已该被抛出历史的轨道。我在茶馆里能寻求到的快乐，也不过是"夕阳无限好"的快乐罢了。

老九和老七

方成

　　　　研究喝茶的老祖宗是一千多年前唐朝的

　　老九陆羽。

　　吃饱穿暖了，才高兴去唱两句，画两笔，这已是天
经地义的道理。胃里没东西，谁也没精神去听戏看电影，
所以古人说："民以食为天。"按现在学者们的说法是："物
质第一，精神第二。"常言道："开门七件事：柴米油
盐酱醋茶。"吃饱了才喝茶，所以把茶列于最末第七位，
正和干精神（文化）工作的知识分子列于老九的地位相
当。实际上讲究喝茶的还就是老九，研究喝茶的老祖宗
是一千多年前唐朝的老九陆羽，老百姓喝茶谁也没他有
学问。

我也行九，童年时期在村里上过一年老先生教的夜校，后来上的全是西学，因此祖国的茶虽不绝于口，却不会讲究。一进茶楼，服务员问要什么茶，我一向答以两个字："随便！"但究竟九性难移，茶缘难断。曾在天府四川长居八年，在那里上学时，正是抗日战争时期，物质上很困难，夜间灯火不明，40瓦的灯泡，其亮度比萤火略强。我原已近视，不敢再加深，无法学习，闲来无事，天黑便结伴出来泡茶馆，如此三年，从学校出来工作，接着又泡了四年。茶翁之意不在茶，而在同气相投作神仙会，川语谓之"摆龙门阵"。在上学时，因泡茶馆聚义创办一份文艺性壁报；在工作单位，因泡茶交心而交了几个朋友，几十年来天南地北，至今音书未断。至于茶呢？只识得花茶，沱茶和雅号"玻璃"的白开水，却因此而对四川的茶馆心向往焉。广东的茶楼食品虽精，又是家乡风味，比起天府茶馆，总觉不够味儿——非干茶事，见景思人之故也。

　　来到北京，茶馆不那么时兴了，工作又忙，也想不起泡茶馆，家里有什么茶我喝什么茶，"随便"依旧。

有那么一天，北京电影制片厂在拍老舍的《茶馆》，我去看时，导演谢添要我为这部影片画海报，说我画最合适了。我从来没画过海报，不敢应命。他一定要我画，还说我画"准行！"。不敢有违，只好奉命，回家花了两个星期，报废了几大张宣纸，终于画成，得六十元稿费，邀上钟灵和副导演王振荣夫妇，四家八人下饭馆大吃一顿。没过多久，茶叶公司又找上门来，要我画大幅裱在墙上的画，画的题材自然又是茶。我说，我是画漫画的，这样大幅画我没画过。约稿的同志无意中说了一句："是啊！漫画不能上墙的。"此话大伤漫画的感情，也许是他的激将法吧，把我激了起来，断然说：我画！又花了好多天，报废了好几大张宣纸，居然画成一幅陆羽夜写茶经图，也因本性难移，或许是故意使气，用的是漫画情趣的构图，让它裱起上墙。

两幅大画都是被茶硬挤出来的。在此之后，来挤的越多，参观工厂、机关，被挤着"留宝墨"，当场挥毫；报刊庆典，创刊四十周年以至创刊三周年的，都会来要画；画友之间互相挤着，熟人朋友挤的也不少。荣宝斋的同志就觉奇怪，曾问我画漫画成刀成刀地买宣纸干什么？我画成的确实不很多，报废的纸不少，现在用来擦这儿擦那儿的，多用那些带有墨迹的宣纸。最近去了趟杭州，被挤着画了几张，人家赠我以杭州龙井；又去了趟乐山和成都，又被挤着画了几张，人家赠我以峨嵋名茶，看来，老九和老七真个是难舍难分的了。

说茶

邓友梅

中国文人和茶结缘并不比酒晚，亲密程
度也不比酒差。

茶

香叶嫩芽

慕诗客爱僧家

碾雕白玉罗织红纱

铫煎黄蕊色碗转曲尘花

夜后邀陪明月晨前独对朝霞

洗尽古今人不倦将知醉后岂堪夸

这首宝塔诗是唐人元微之写的，算不得最早的吟茶

诗，足证明中国文人和茶结缘并不比酒晚，亲密程度也

不比酒差。文人如此，普通人更甚，如果做一次调查，喝茶的人八成比喝酒的人数多。开门七件事：柴米油盐酱醋茶。北京的"六必居"据说是当年专卖六样生活必需品，只比以上少个柴字，两者都不包括酒。

中国人喜好喝茶，到了走火入魔的地步。赵佶当皇帝时，放着多少急事不办，却写了本研究茶的专著《大观茶论》。从产地，种植，采摘，到制造与喝法写的都地道，称得上是全世界自古至今唯一有皇帝衔的茶叶专家。他当皇上要也这么在行，不至于后来又当俘虏；我老家有个本族大辈，每天茶不离手，日本鬼子扫荡时，大家逃难，他不带行李却手中提把茶壶。走在半路受到日本兵的追击，叭的一枪正打中他的茶壶。人们全为他的性命担心，他却提着一对铜壶梁说："可惜了这一壶好叶子！"是我一生中碰到的第一位把生死置之度外的勇士！

中国人喝茶的本事，也到了出神入化的地步。以修洛阳桥著名的状元蔡襄，在喝茶上就有独到功夫。据一本闲书记载，有人得到一点名贵的"小团茶"，知道蔡在这方面是权威，就请他来品赏。蔡听了高兴，临时又请来一位朋友陪他一同去。到那里后主人陪他说了一会儿话，就叫仆人献上茶来。蔡襄喝了两口，主人问他印象如何？他咂咂嘴说："茶是不错，只是里边掺了'大团茶'，不纯了。"主人心想这茶是新得到的珍品，自己亲手交与仆人煮的，怎会有假？为证实心迹，就把仆人召来当面问道："我亲手交你的茶，你可曾掺假？"仆人见问得单刀直入，只好如实说："原来备下小团茶是两人份，我见多了位客人，怕份量不够，又不敢找您要，我就掺了点大团茶。"主人听了大惊，对蔡状元的品茶功夫再不敢怀疑。这是名人逸事，可能有帮闲替他吹嘘，我的老师张天翼却给我讲过一个叫花子品茶的故事。闽省有位旧家子弟，不务正业，只好饮茶。最后穷得卖了老婆沿街求乞。因在家乡受人白眼，便流浪到了潮汕地界。这天要饭要到一家著名的大茶庄门口。店主拿出几文钱给他。他说："钱不敢收，只求赏杯茶饮。"店主就叫人把日常待客的茶端来一杯给他。他喝了一口，却又吐了，摇头说："四远闻名大茶庄的茶不过如此，承教了。"

说完扭头便走。这下子刺伤了店主的自尊心，就把他叫住，连忙吩咐把最好的乌龙泡一杯来。过了会儿茶冲来了，叫花子喝了一口，叹口气说："茶是上等的，可惜泡法低劣，糟蹋了！"店主听了大惊，便悄悄叫人到后宅，要他小妾泡一杯来。这小妾是他新买的，模样平平，就是善泡茶，店主就冲这一长处才买的她，过了片刻茶泡好送来，那叫花只饮了一口就泪如雨下，泣不成声。店主忙问出了什么事，那叫花说："这茶的味道使我想起了前妻，我从没见有人达到她这样火候……"那店主一问他的籍贯，历史，果然和那小妾一样。二话没说，叫人给他包了一包上好茶叶把他打发走了。

　　皇帝和我那位同乡大辈，对茶的嗜好虽如一，但他们喝的不是一种茶。宋朝时的贡茶是福建产的"龙凤团茶"，从书上记载看大概是"红茶镶绿边"，所谓半发酵茶，类似今天的铁观音、乌龙之类，近年市上也有"龙凤团茶"卖，不知是否就是赵佶和蔡襄喝的那一种；我那长辈喝的茶我却喝过。早年山东的农民全喝那个。是在集上卖酱油、糕点的摊上买来的。茶叶装在一个大木箱中，黑不溜秋，连梗带叶，既没有小包装，也不经茉莉花窨。沏成后褐中透红，又苦又涩，我估计其助消化的能力是极大的。我很奇怪，我的家乡是糠菜半年粮的苦地方，肚子里没什么需要茶叶帮消化的，为什么家家却都喝茶！我问过老人此风由来。他说是无茶不成礼，山东是礼仪之邦，饭可以吃不饱，茶不能不喝。这话不能令人信服，我觉得家乡人还没傻到不管肚子饥饱只讲精神文明的地步。可也找不出更合理的理由来反驳他。这也可能是我出生于天津并一直在天津度过童年，山东只是我理论上的老家，对它的了解不深的缘故。

　　我小时家在天津，家里也喝茶。喝的是小叶、大方、茉莉、双熏等大路货，其喝法却是一家两制：我姥姥家是纯天津人。所以我家一年四季桌上摆着个藤编的壶套，里边放一把细瓷提梁画着麒麟送子茶壶。我娘抓一把茶叶，把水烧得滚开，滴到地上先听噗一声响，这才高高地沏下去，制成茶卤。喝时倒半杯茶卤，再兑半杯开水，这虽有一劳永逸的好处，但实在喝不出茶叶的味道。我爹是山东人，但自幼外出，不知受了哪位高人指教，自备了一把小壶，沏茶时先用开水把小壶涮热，放茶叶后先沏一道水，用手晃晃再倒出扔掉，再冲一次才可饮用。一次只喝一两口，马上再兑新水。事不过三。然后就倒掉重来。这喝法虽然出味，可实在繁琐耗时。所以到我自己喝茶时这两种传统都没继承，完全另搞一套。

在天津我见过两次特殊的喝法。一次是在梨栈。那时法租界的梨栈大街，劝业场一带是最热闹的地方。在劝业场门口那个十字路口有个警察指挥交通。有天我坐"胶皮"去光明电影院看电影，车刚在路边停下我还没给钱，警察就招手叫拉车的过去，拉车的说："劳驾，您替我看一会儿车，不知嘛地方又惹着他了。"车夫跑到警察身边，警察说了句什么，车夫拿着把缺嘴的大茶壶就跑了回来。满脸歉意地说："没办法还得耽误您一会儿，老总叫我给他沏壶茶去。"过了会儿车夫把茶沏好送去，这才回来找我收钱。我远远看见那位中国籍的"法国巡捕"左手端着茶壶嘴对嘴地喝着茶，右手伸直，在两口茶之间抽空喊道："胶皮靠边，汽车东去……"这事给我印象很深，我以为这是法国警察的特有作风，后来去巴黎，还有意观察了一下，才知道巴黎的警察并不端着茶壶站岗。

另一次是法租界仙宫舞厅。一个偶然机会我随亲戚进了那家舞厅。在"香槟酒气满场飞"乐曲中，一对对时髦男女正在翩翩起舞，却见一位老者，手执小茶壶在场子中央打太极拳，每做两个动作就啜一口茶，旁若无人，自得其乐。多少年后我跟一个天津老乡说起这件事来。他说此人有名有姓，是位租界名人。可惜我没记住名字。

等我自己喝茶上瘾，已经是数十年后的事情了。

我这喝茶上瘾，是从泡茶馆开始的。五十年代初我去西昌。那时的西昌还属"西康省"，不仅没导弹基地，没有飞机场，连汽车也不通。从雅安出发一路骑马。每天一站，住的是"未晚先投宿，鸡鸣早看天"的鸡毛小店。店里除去床铺有时连桌子都没有，要想休息、看书就得上茶馆。好在四川的茶馆遍地都是。泡一碗沱茶，可以坐一晚上。在这里不光喝茶，还能长见识，头天去喝茶，几乎吓得我神经衰弱。茶馆中间有个桌子，四周摆着鼓、锣、钹、板。不一会儿坐下几个人就敲打起来。我正看得出神，忽然背后哇呀一声，有位穿竹布长衫的先生抚案站了起来。正不知出了什么事，那位先生开口唱了："凄惨惨哪……"跟着周围的一些人就都吼了起来："凄惨惨命染黄泉哪……"众人吼过，那先生又有板有眼，一字一句，成本大套地唱了下去。我问同行的四川伙伴："这是怎么回事？"他说："这是四川茶馆清唱的规矩，哪位客人唱什么角色都是固定的，不管他坐在哪儿，场面一响该开口的时候自会开口。"我说："那打鼓的也没朝这边看，万一哪位先生有事没来，或是迟到了不就砸锅了？"他说："不会，要敲半天板还没人应，打鼓的会接着替他唱下去的。"这一惊刚过去，我正端起碗要喝茶，忽然从脖子后边又伸过根黄澄澄的竹竿来，一回头，那竹竿竟杵到我嘴上。我正要发火，看见远处地下坐着位老头，手执纸煤，噗的一口吹着了火，笑着冲我说："吸口烟吧！"我才看出那竟是根数尺长的烟管！他坐在中间遥控，身子一转可以供应周围几桌人享用，抽完一个他用手抹一下烟管，再装上一袋伸向另外一人。除此之外在四川茶馆还学到了另外许多学问。回北京后我便开始泡北京的茶馆。直到当了右派，也还是有空就去喝茶听书。

　　泡茶馆成了我的业余爱好。落实政策后有了旅行机会，到广东，住香港，游西湖，逛上海，甚至到欧洲、美国，有茶馆都非泡一下才死心。

茶之梦

忆明珠

> 茶的苦，不但是茶的真味也是生命的真味啊！

说茶是我日常生活中最亲密的伴侣，大概不为过，我之于茶，已是"不可一日无此君"，更甚而至于"不可一夜无此君"。许多人睡前不吃茶，因为茶能提神，兴奋大脑，影响睡眠。我则相反，临上床时必重沏一杯浓茶，放在床头柜子上，喝上几口，才能睡得安适。半夜醒转还要喝，否则口干舌燥，断难重新入睡的。民间说法：茶，可以明目，可以清心。我的经验除了这些功效，茶还可以滤清梦境。我善于做梦，年轻时夜夜有梦如花。老来仍多梦而不衰，只是梦境渐趋清幽旷远，所谓"归绚烂于平淡"也。偶尔有噩梦惊扰，细细排查，大都是睡前疏忽了喝上几口茶的缘故。有位医生对我的茶可滤梦之说，报以轻蔑的微笑，说："你肝火太旺了吧？"痴儿不解，有什么办法呢？

然而我不喜欢红茶，无论怎样名贵的红茶，"玉碗盛来琥珀光"——我嫌它太像醺醺的酒了。我不怕睡过去，但怕醉过去，我宁要梦乡而不愿坠入醉乡。还拒绝花茶，因它的香是外加，是别的花的香。就像一个被脂粉擦香了的女人，香是香的，香得刺鼻，却无一点女人自身的气息了。奇怪的是，女人们不但喜欢涂脂抹粉，且又往往喜欢吃花茶，难道还嫌她们外加的香不够多的吗？

我只饮用绿茶，一因它的绿，绿是茶的本色；二因它的苦，苦是茶的真味。闻一多诗云："我的粮食是一壶苦茶。"我断定他这壶苦茶必是绿茶。是绿茶沏出的一壶苦；同时又是苦茶沏出的一壶绿。这茶却又是清淡的，是清淡的绿与清淡的苦的混合。一壶春茗在手，目中有绿，心中有苦，这才能进入境界，成为角色，否则，终不能算作茶的知音。

这里顺便说说，我极叹赏闻一多的这句诗，可题上画幅，可镌入印章。郭小川诗有"杯中美酒，腹中小饺"八字，亦佳，但只宜题画而不宜入印。新诗以句胜者凤毛麟角，远不如古典诗词的警策。这或许由于古典诗词以句为造境单位，而新诗造境动辄以段、以节，空大其壳，经不起单摘。此中利弊似颇需诗人们善自斟酌。

现在再回到茶上来，吃茶正式成为我生活内容的一部分，至今已积有三十余年。换句话说，我的下半生是被茶的绿和苦浸透了的。十年"文革"浩劫，也不曾间断这绿和苦的浸透，真是个奇迹。当然，这该归功于我的妻子，她像数算着一颗颗珍珠似的，谨慎地数算着当时勉强维持一家最低生活水准的那点点费用，尽最大努力保证供应了我那"壶苦茶"的"粮食"。记得深更半夜里，突然停电了。她从哪里摸出半截红烛，点上，又为我重沏上一杯茶，这情景，很容易调动诗兴。但，她这是为了让我不误时限，赶写出明天就要交上去的"认罪书"啊！我是在写着"认罪书"的时候，在半截红烛的光照之下，凝视着手边的那杯茶，才感悟到茶的绿，不但是茶的本色也是生命的本色；而茶的苦，不但是茶的真味也是生命的真味啊！"认罪书"一遍遍地写着，我却仍有着一夜夜的安睡，这么说，茶可以滤清梦境，安人魂魄，又有什么不可理喻的呢？

茶事琐忆

凤子

　　　　　　茶是雅事，我接触到关于茶的却是世俗
之事！

　　从记事时起，我就留下了如下的印象：家里每天早
上要沏一壶茶。等父、母亲起床，到客厅坐定，子女们
给双亲请早安，大哥或大姐要给父母斟奉上一杯新沏的
茶。我三哥结婚（实际是我家的长兄，因大哥已去世，
二哥过继给大房，排行第三，故称），我新嫂嫂每早要
给翁姑请安，必须奉上一杯茶。三朝那天，新嫂不知为
什么一紧张，把我母亲喝茶的杯子砸碎了。新媳妇吓得
不知所措，我却脱口而出："碎碎（岁岁）平安！"母亲
笑了，笑我说了个好兆头，新嫂嫂也镇定下来。当时我
是一个七八岁的小女孩。在我们家，一个没落的封建家庭，
耳濡目染的封建迷信的词儿也成了口头语。想不到这么

一句看似平常的话，为我姑嫂的感情打下了基础。我后来剪辫子、上学堂这些"革命"行动，她都是我的积极支持者。

从这样一个封建家庭生活过来的人，当然养成了喝茶的习惯。有喝茶的习惯，并不一定懂得喝茶。我未成年就离开了家，为获得学习的机会，过早地就为生活奔走。幼小时在封建家庭养成的一些生活习惯，自然淡忘了，包括喝茶。

抗日战争期间，参加了戏剧团体，生活是流动的，渴了就喝杯白开水。但是在四川，却习惯了坐茶馆。几个人碰头聊聊天，就约在茶馆。幺师（即茶博士）手捧一大摞盖碗杯，往桌上一放，三件头盖碗一摆开，提起大铜壶，水顺着冲进杯里，杯盖一个个放平。他右手提铜壶，左手摆弄盖碗，那么得心应手。第一次上茶馆，就为了参观幺师的"魔术"的。人们把幺师的冲茶手艺当作魔术，是对幺师们的最好赞誉。看起来的确是像耍杂技，这功夫学来不易，如今四川能施展这种真正的"艺术"的艺术家们也不多了。

几年前为了接待日本戏剧家，剧协在一所川菜馆设宴。地方极小，我正纳闷为什么要到这样的地方接待外宾，待到客人到了，坐定后，就听一声吆喝，过来一位师傅，穿着打扮像个练武艺的。他手捧一大摞盖碗茶具，突然一声"起"，盖碗一溜放在一个空桌子上，茶托儿、茶碗、碗盖儿顺序放好，右手提起大铜壶，开水冒着热气冲进碗里，碗盖儿顺手一个个放平。那麻利劲，叫人目不暇给。原来是为了请日本朋友欣赏中国四川的"茶道"。怪不得馆子虽小，顾客却都愿意来参观这难得一见的把式。这位沏茶的师傅已六十多了，目前，就是四川，这样的"把式"也不多了。这也算是国宝吧。

八十年代初，文联代表团参加日中友好协会二十五周年纪念活动，我们参加了日本朋友为我们举办的茶道。我观察了茶道进行的全过程，从烧水、放茶叶、冲茶，将茶送到饮茶客人面前，饮茶客人如何接捧茶杯，如何将茶杯转一周后才饮一口，等等等等，都有一套讲究，一点错不得，否则就是失礼。不知为什么，我把茶道的举行仪式看作是宗教的仪式。日本也是佛教盛行的国家，饮茶和佛教有无关系，我说不上，只是茶道进行中具有的礼节仪式，给人一种神秘感。说实在的，那茶味我并不觉得有什么特别。日本人也讲究喝茶，但是我喝过的日本茶却并未给我留下什么印象。

只有一次喝的茶，使我永远忘不了。

粉碎"四人帮"后，第一次集体到杭州，参观一家纺织厂。在接待室里，我接过一杯茶。茶水绿色带点黄，呷了一口，清香扑鼻，真是有生以来未尝过，太美了！当时并不渴，我却舍不得那杯茶。我问身旁接待人员，他说这是今年的新茶，特为让我们尝尝新的。那茶叶片片似新月，那色儿，嫩绿嫩绿，如同初春刚出芽的柳叶尖。我不知茶叫什么名字，我管它叫"新苗"。能买到么？我贪婪地想着，当然一句也未说就去参观了。过了这么多年了，我仍然忘不了那杯茶，那香味，那片片嫩绿的叶片……

茶对人的作用，本不过是解渴解乏。当人们劳动后，喝碗凉水就解渴，顾不上喝什么茶，当然有碗热茶就更解渴。有过干校生活的人，都有这体会。

有的地方把喝茶当作请客，会友，或谈生意的场所。如广东人习惯于到茶楼"饮茶"，事实是为了吃地方名点心，对茶并不讲究，喝的大多是红茶。

建国后，做编辑工作，这时才又恢复了喝茶的习惯。当时买五角钱一两的香片，即花茶，看来有点奢侈。人们只喝二三角钱一两的，有人还买茶末儿。我尝过茶末儿，是够味的。

老友出差回来，带给我一小包花茶，说是二十元一斤的。他生平第一次买这么贵的茶叶，这价钱使我吃惊。我忘了那茶叶的香味了。这是六十年代末的事。

物价像跑马，靠工资过日子的人一切享受都得自动降下水平。我仍买花茶，从一元一两到两元一两，现在追加到三元一两，可那味儿不如五角一两的了，当然那是四十年前的事了。

喝茶是雅事，文人叫品茶。1963年我参加华东会议，为了剧本《龙江颂》，我拜访了福建代表团。作者江久、陈曙等几位，摆好一桌茶具，像酒壶似的小壶、小杯，茶杯比酒杯要小，茶具很精致，像是出自宜兴。听说福建人讲究喝工夫茶，我却第一次见到。冲茶很有讲究，用开水冲洗壶和杯子，然后放上茶叶，冲水。过几分钟才斟到杯里，呷了一小口，味很浓。先苦涩，后甜。茶叶叫乌龙，对高血压患者，有极好的疗效。乌龙现远销国外，尤其是日本。

中国的茶具作为古玩，是为国际友人所喜爱的。有位来自中东的朋友，在琉璃厂买了个宜兴小茶壶，叫我猜价钱。我怎样也猜不出是一百五十八元外汇券。是个旧茶壶，说是古董。今天商人发财有术，有人愿出冤钱，有什么商业道德可讲呢？

茶是雅事，我接触到关于茶的却是世俗之事！无他，因我是俗人而已。

品茗与饮牛

冯亦代

> 利普顿茶叶的味道的确比龙井深厚，香
> 气也比龙井浓。

《红楼梦》里，妙玉请黛玉、宝钗、宝玉品茶，调笑宝玉说："岂不闻一杯为品，二杯即是解渴的蠢物，三杯就是饮牛饮骡的了。你吃这一海，便成什么？"相比之下，我喝茶一口气便是一玻璃杯，大概较一海为多，便成了什么呢？再说下去便要骂自己了。

我是杭州人，年幼时到虎跑寺去，总要泡一壶龙井茶，风雅一番。但现在想来，也不是"品"，大半是解渴，而且是在茶杯里玩儿。因为虎跑寺水厚，满杯的水，放下几个铜板，是不会漫出来的。

真正品过一次风雅茶，还是在我邻居钟老先生家里。

他暮年从福建宦游归来，没有别的所好，只是种兰花和饮茶。他的饮茶，便是妙玉的所谓"品"了。他有一套茶具，一把小宜兴紫砂壶，四个小茶盅，一个紫砂茶盘，另外是一只烧炭的小风炉。

饮茶时，先将小风炉上的水煮沸，把紫砂壶和四个小茶盅全用沸水烫过一遍，然后把茶叶（他用的是福建的铁观音）放一小撮在紫砂壶里，沏上滚水，在壶里闷一下再倒在小茶盅里，每盅也不过盛茶水半盅左右，请我这位小客人喝。我那时已读了不少杂书，知道这是件雅人干的雅事。但如此好茶，却只饮一二次半盅，意犹未足，不过钟老先生已在收拾茶具了。以后每读《红楼梦》栊翠庵品茶的一回，不免失笑。自忖自己是个现代人，已无使用小紫砂壶饮铁观音的雅兴，只合做个俗人，饮牛饮骡而已。

但我总算亲炙了一番"品"茶之道。杭州人家里，每家有一壶家常茶，那是用大瓦壶沏的，供一般人饮用。我的祖父母和姑母们则有另沏的茶头，那是沏在中号的瓷壶里的好茶叶，每要饮茶，便从这把壶里倒出稍许茶头，兑了开水喝。我小时候祖母是不许我饮冷茶的，说饮了冷茶，便要手颤，学不好字了。当时年幼还听大人的话，后来进了中学，人变野了，有时在外面跑得满身大汗回来，便捧起那把大瓦壶，对着壶嘴作牛饮。这在饮茶一道里，该是最下乘的了，难怪我现在写的字这么糟！钟老先生后来搬了家，我去看望他时，他也会拿出他那套茶具来，请我"品"铁观音。这样饮茶有个名堂，叫饮"功夫茶"，说明这样喝茶需要功夫，绝非心浮气躁的人所能做到。

中国为了鸦片烟曾与英帝国主义打了一仗。而在茶叶问题上，英帝国主义和在北美的殖民地也闹了一番纠纷。英帝国用鸦片烟来毒害中国老百姓，却用茶叶来压制北美殖民地为东印度公司剥削贸易。殖民地人民起来反抗了，拒绝从英国进口的茶叶，曾在波士顿地方把整货船的茶叶倒入海里，以示抵制。这件事终于导致了美国以后的独立战争。

英国也是个饮茶的国家，他们天黑后要饮一次"傍晚茶"，其实有些像我们的吃夜宵。饮茶之余还佐以冷点心肉食等等。英国人喜欢饮"牛奶茶"，用的是锡兰（即今之斯里兰卡，当时还属印度）生产的茶叶，即有名的利普顿红茶，饮时加上淡乳和方块砂糖，他们是不喝绿茶的。这在英国东印度公司的贸易中也是一宗重要的项目。

英国人喝茶也有套繁文缛节，类似我们福建同胞的喝"功夫茶"。英国散文大师查尔斯·兰姆曾经写过一篇文章《古瓷器》，就专门为了饮茶用的中国瓷茶杯，写了一大段，可以看出英国人饮茶的隆重。我的岳父是位老华侨，自幼即在英国式书院上学，也染上了一身洋气。他每天必饮"牛奶茶"。在他说来这是一件大事。我还在谈恋爱时，他知道了，便约我到他家饮茶。

他也有一个小炉子，一把英国式的茶壶，就是喝茶的杯子比我们喝"功夫茶"的茶盅略大一些，但也不是北京可称为海的大碗茶。他先把小炉子上的水煮滚了，在沏茶的小壶口上放一只银丝编织的小漏勺，大小与壶口同，里面装上利普顿茶叶，然后把沸水冲入壶内，再把壶盖盖严。这样闷了几分钟，沸水受了茶气变成茶水，便可以喝了；而茶叶是不放入壶中的。另外还备有蛋糕或涂黄油的新烤熟的面包（吐司），主客便一边喝茶，吃点心，一边谈话。我是第一次喝西式茶，又是毛脚女婿上门，心怀惴惴，老实说这一次就没有"品"出利普顿红茶的味儿来。以后次数多了，觉得利普顿茶叶的味道的确比龙井深厚，香气也比龙井浓。龙井是清香，妙在淡中见味。

以后我到香港去了。香港的中式茶楼，座客衣着随便，且多袒胸跣足者厕身其间，高谈阔论，不知左右尚有他人。这些茶楼似以品尝各式细点为主，茶楼备有热笼面点糕饼不下百十种，用小车推至座客前，任选一二种慢慢受用，颇有特殊的风味。据传也有茶客，在清晨入店，午夜始回，终日盘桓，以致倾家荡产的。香港多的是这类广式茶楼，这已不是明窗净几，集友辈数人作娓娓清谈的饮茶了，而是充满市井气的热闹场所。若从品茶来说，这大概只能归入于冲洗胃里的油腻一流，即作品，亦非饮，而是讲究吃的了。

香港也有完全西式的茶座，如战前有名的香港大酒店，告罗士打行和"聪明人"茶室等。告罗士打行和香

飞光宝气的妖艳妇人和油头粉面的惨

"聪明人"茶座虽设在地下室内,

去　　　　　　与至友数人作娓娓清谈。这里喝

的日　　　　　就是一樽利普顿红茶,是饮茶

而非　　　　在茶,茶叶的好坏便无所谓了。

　　后　　　　　　经营中华剧艺社,在国泰大

戏院演出　　　门,外进则是一爿茶馆。

杭州的茶　　　　　躺卧,重庆的茶馆里则

有帆布或竹　　　　里来,颇动我的乡思。

在重庆的五年　　　这家茶馆的。前几天

吴茵还写信来　　　　　　谈笑风生的情景。

这里的茶与杭州　　　　两茶有别,这里饮

的是沱茶。每逢你　　　上几杯沱茶,的

确有消去油腻的功　　　怀的,倒是那

些伴着喝沱茶的日子　　　　甚至谈国

事(当然是小声的耳语,　　　莫谈国事"

的警告),则是又一所取　　　会大学。

　　抗战后回到上海,以前　　　饭店茶

室，大者如华懋、汇中，小者如 DDS 与塞维那，如今我们也能大大方方进出了。还是喝茶，但这已不是品茶，而是对于未来美好日子的期待了。

茶趣种种

艾煊

> 人之或嗜酒，或嗜茶，或兼及双嗜，并
> 非着意选择，更非精心安排。

茶和酒是千岁老友，但两人性格绝然相反。一个是豪爽、狞猛、讲义气的汉子，一个是文静、宽厚、重情谊的书生。

酒，三杯落肚，点燃血液，体温骤高，呼朋引类，行令猜拳。痛痛快快地笑，痛痛快快地哭，痛痛快快地呕吐。

饮茶，无此外发功型的效应。

茶为内功，无喧嚣之形，无激扬之态。一盏浅注，清流、清气馥郁。友情缓缓流动，谈兴徐徐舒张。渐入友朋知己间性灵的深相映照。

酒为豪狂式的宣泄，茶为储蓄蕴藏式的内向情感。

酒入大脑，可产生摧毁性的强刺激。茶具有舒缓的渗透性，潜入全身汗囊毛孔，缓缓生成温馨抚慰效应。

酒，饮前清香诱人，饮后浊气冲天，污及四邻空气。茶，饮前淡淡清气，渗透入饮后人体，弥漫于不易觉察的周围空间。

人之或嗜酒，或嗜茶，或兼及双嗜，并非着意选择，更非精心安排。其所以成癖者，有机缘，也有自然天成。

生于酒乡者，往往自幼即受酒气熏染，稍长，能不沉湎于中？何谓酒乡？大者，酿业集中之地；次者，酒肆人家；微者，父兄乃日夕执杯在手的饮鬼饮仙。

我嗜茶数十年，仍缘于出生绿茶之乡。

家乡小镇，坐落在大别山脚下。山上山下，酒道不兴，茶道畅行。毛尖、云雾、瓜片、小兰花，峰顶山坡，漫漫成片。茶馆、茶叶店，比肩林立。幼时生于是乡，壮年又入太湖茶乡，机缘相伴而来，因之曾种过茶，制过茶，品过茶。

茶之种，之制，之器，之藏，之饮，各有其术，各有其道，各有其情。

农乡小镇多茶馆，外地有客来访，往往不在家中落座奉茶。请即浸泡于茶馆中，清茶，清谈，佐以清蔬淡点。此似为待客仪规，视主人钱囊奢、吝，客人风度文、鄙，而开台于雅座或大众厅。

我幼时，热水瓶属于高档奢侈用品。普通人家盛茶，多用铜丝把紫砂壶，或提梁紫砂壶。一壶容量，约相当于五磅热水瓶半瓶或一瓶。将冲泡好热茶的紫砂壶，放进草编或棕丝编的茶焐中保暖。考究点的老茶客，手捧马掌大的小巧紫砂壶，身边木炭炉上，坐着一把小铜壶，开水源源不绝地冲兑。

近若干年来，瓷杯、玻璃杯广为普及。原系大众化的紫砂杯、壶，反而抬举成高档的饮器，更抬举成每件数千元上万元的极高档工艺品。

茶叶焦干，易碎。茶叶店中，一桶茶叶卖到将尽时，桶底余茶，往往成了无叶片的茶叶末。揉碎之品，形变，质不变，低档茶，其茶叶末当然也是低档。茶中极品的茶叶末，其内质仍为高档极品。只是外形不成条索，不美观。镇上精明的饮仙，日常家用茶，重质不重形，常饮用高档茶揉碎之末。重吃不重看，但物美价廉。

酒，越陈越醇。茶，越新越香。酒重陈，茶重新。低档新茶，有时并不逊于隔年之高档陈茶。

茶，不一定名愈重者愈好。高山云雾间的荒山野茶，自采自炒。虽无部优国优桂冠，但常会超过高档名茶。常人常趋向名声大的名茶。嗜茶老饕，总是将适合自己口味的茶，视为世上第一佳品。

雨花、龙井、眉珍、碧螺，其味不一。我常取数种茶掺和冲泡。有的取其香清味醇，有的取其甜苦味重，有的取其色、味稳定耐冲泡。集数种茶之长，调制出一味新品，以适应个人味蕾之需。此品不见茶经，不入茶谱，私名之谓调和茶、掺合茶。或效犟洋人鸡尾酒之名，取一不雅驯之名，曰鸡尾茶。

经杯、壶盖闷过的绿茶汤水，清香味全失，变成了煮熟树叶的浊气。溺于饮道者，冲泡绿茶，往往用杯不用壶。用无盖陶瓷杯，或无盖紫砂杯。

一杯茶，吃数开，其味全变。先清淡，继清香，后甜苦，再后淡而无味，终至淡而生青草腥气。

居家吃茶，不妨并用两杯。以大杯泡叶成卤，极苦。喝时，另以一小杯倒点茶卤，再冲兑白开水，将其稀释成使自己舌底满意的茶汤。以卤兑水稀释之茶，可使8 ～ 10杯茶汤，保持大体同等浓度，保持个人最满意的口感。

在当代各种饮料中，茶的饮用方式主要在于品。若要解渴，汽水、矿泉、橙汁、可乐、凉开水，皆可极迅速极有效地满足需要。饮茶则需轻啜慢抿，缓缓品味。

对于耽饮者，品，有助于缅念过去，遥瞻未来，有助于独自浸溺于创造构思中，也有助于启发友朋间隽言妙语之谈兴。

三分解渴七分提神，三分饮七分品，如此则绿茶直可达到灵肉兼美的效应。

茶之醉

叶文玲

尽管酒与茶常相亲，茶却比酒更高洁。

并非茶道里手，又不是品茶行家，皆因茶的无与伦比的魅力，使我这只会喝"大碗茶"的人，也想说一通关于茶的痴话。

"水甜幽泉霜雪魄，茶香高山云雾质。"茶的品格可谓高矣！行家道得好：茶，是一杯淡，二杯鲜，三杯甘又醇，四杯五杯韵犹存。如此品饮，自是品出茶的神魂底骨。我还尤为赞同这个发现：喝茶可滤梦。

二十多年前，我曾被一支歌曲撩起了浓浓的乡思，撩拨得那样神魂颠倒，于是接连几夜，我美梦连绵，梦中，我变成了恣肆快活的"叫天子"，逍遥翩飞在故乡的青青茶园，那歌曲，便是至今享誉荧屏舞台的《采茶舞曲》。

茶，能歌亦能舞的茶，品雅味且醇，是世人公认的无酒精最佳饮料。酒不醉人人自醉，茶亦然；茶还能醒酒，品位自然比酒更高出一筹。

茶，入诗又入画的茶，解忧助文思，在与饮食、医药、园艺、陶瓷、科技、文学、宗教、礼仪、民俗等众多领域的因缘上，堪称物中之最。关于茶的戏文，关于茶的诗画，更是清妙隽永无数计。我难以忘怀一篇关于茶的奇文，作者的慧眼，不但青睐茶的自由洒脱的生，更独识了茶的"壮烈而缠绵的死"，那一首《茶之死》的绝唱！茶，确确实实是以自身的一脉苦涩，酿就了遍地清芬。诗人闻一多，曾称自己的粮食是"一壶苦茶"。茶的奉献与牺牲精神，堪与革命志士的崇高境界相映照融一体。茶，既是他们的精神食粮，亦是他们的精神象征，无怪沉醉墨海的人，没有一个不爱茶。

不久前，我再次被茶的神话迷恋得颠三倒四，那是在参观西子湖畔双峰村的中国茶叶博物馆之后。

用不着我来做广告文字，这座为弘扬中华民族茶文化而建的博物馆，将会与西子湖的每一处美妍绝伦的景点一样，嵌入游人茶客的心屏。所以，我还是忍不住要说，虽然彼时只是匆匆一游，但当我依次观瞻了茶史、茶萃、茶具、茶事、茶俗五个展厅，当我粗粗得知了茶之种、茶之制、茶之藏、茶之用、茶之饮等有关茶事之后，我无异于听了一堂别开生面的历史和美学课。浮立在青青茶海中的"茶博"，无疑是灿烂的中华文化又一袖珍本。虽然感叹自己这辈子绝对成不了"茶博士"，却极愿身心俱得碧玉色琥珀光的茶汁常洗涤，如若能像茶树一样生得坦荡，活得蓬勃，即便火烹水煎，亦不枉一生。

不怕得罪酒仙们，我还想说一句：尽管酒与茶常相亲，茶却比酒更高洁。酒固然与诗更结缘，但酒酣耳热之际，常常会成酒糊涂；因酩酊而误国误军机的凡例，更不胜枚举。酒喝到极处，充其量只能成为酒仙；品茗饮茶，却能化仙成圣。"茶圣"陆羽的《茶经》，在一千余年前就赫赫然载入史册，而好像还没有一部什么酒经，能与之均衡，更没有谁因为"酒圣"，而歆享世人的膜拜和崇敬。

世事很多是令人费思量的。虽然在发现和利用茶上，中国是世界之最，但是，比起轰然而起四方响应的酒文化热，茶文化的进一步倡导和研究，在当今，既显得姗姗来迟又相形清淡。君子之交淡如水早有古训，但在某些据说是"无法替代"的场合，依然是肴如山叠，酒若水流。而在下自己，有时也在这样的场合中，一边不会喝也得抿两口，一边惶惶然地继续那费思量的思量。

于是，又想到兰亭。兰亭书法节是伴着绍兴一年一度的酒文化出卖的。曲水流觞，流的是酒杯，但当外国友人或游客们兴尽人散后，一杯清茗可不可以照流不误呢？我想，只此改革，"书圣"王羲之即便地下有知，也不会抗议的。

忽又联想到文学，想到散文，于是，我又确认："洁浊不可污"的茶，其品位就像散文，而骨格清奇非俗流的散文，就是色香味俱绝的好茶。

多么希望天下茶客多于酒徒，多么欣喜茶家——散文家的队伍，浩浩荡荡愈来愈壮大。

这可不是醉话。

茶思

叶辛

新茶泡出来，味道就是不一样。

山乡里产茶。

插队时候的劳动，也就离不开采茶。

采茶都得赶早，天蒙蒙亮，群山、树林、田坝、寨子沉浸在拂晓时分的雾岚中，空气格外地清新。人们挽着提篮，背着背兜，系上围腰，呼群结伴地走出寨子，踏着晨露上坡去采茶了。

大约因为活不重，出早工去采茶的，多半是妇女。因而一路走出寨子、走到坡上的山间小道上，都是清朗朗的笑声，尖声拉气的呼唤，伴合着轻快的山乡小调，还有姑娘们轻捷的脚步声。

到了茶坡上，大伙儿就分散开了，这里两三个，那里四五个，互相望得见，却并不聚在一起。偏远山乡的茶坡，和我们习见的茶林场、茶乡里的景象不一样。所有的茶树都是零零星星无规则地栽在山坡上的。田头、土边有茶树，岩脚、坎下也有茶树，有的茶树傍着竹林，有的茶树长在半山上的悬崖峭壁间，还有的茶树长在高高的山巅上。也有一些有心计的农民，在山坡上开了荒，栽一圈茶树把开出的田土围起来。在田土上干活累了，坐在田埂边歇气时，随手摘一片两片茶叶在嘴里咀嚼着，也是别有一番滋味。

再好的茶叶也是立春以后采的。春季头一场雨之前采的，称为雨前茶，清明节前采的，称为明前茶。雨前茶也好、明前茶也好，无非是要申明这茶叶采得早、采得新鲜、采得嫩。尽管山乡里年年都遇到春寒，但终究是春天了，采茶的姑娘媳妇们总没有冬季里穿得多、穿得臃肿。相反她们在采茶时总像要与春天比赛似的，把最好看的花衣裳穿出来。故而一到采茶季节，茶坡上就特别地好看。只见一丛丛、一蓬蓬、一簇簇碧绿生翠的茶树旁边，站着一个两个穿戴得花枝招展的姑娘、媳妇，她们边说笑边采茶，双手十指飞蝶般灵巧地随着流星一样的目光闪动，把小小的芽尖采摘到自己的提篮、围腰中去。远远地望去，青的山、绿的水、浓翠的山坡上一个个采茶姑娘在随着雾去雾来的晨岚里晃动，那真像一幅画。真的画是静止的，而眼面前的画却是随着浪涌峰浮般的雾岚而时时变幻着的。尤其是采茶采到高兴时，只要有一个人带了头，轻轻地哼唱起山歌，那么远远近近的茶坡上，就会受到感染似的，你应我和地唱起来。哦，那行进的波浪般起伏的歌声，比起今天炒得很凶的歌星们的歌声来，完全是另一种滋味、另一番感受。

因为都是从山间云雾中采来的茶，这种茶就被少见多怪的城里人起了一个名字，叫云雾茶。

城里人喝到的云雾茶都是好茶。芽尖嫩、茶色鲜、茶汤香，故而云雾茶的名声就特别地好。其实山乡里采下的茶，哪一片不是云雾茶呢？好茶卖到城市去，卖给城市人喝。因而住在城里的人，年年开春之后，就在盼新茶了。讲究些的人家，新茶上得迟些，还像犯了病一样地思念。难怪啊，那新茶泡出来，味道就是不一样。

可惜的是，城里人往往只知其一，不知其二。城里人拿来泡茶的水，都是从自来水管里流出来的。这水经过了处理，放了漂白粉，实在是给年年上市的新茶打了大大的折扣，把那最好的滋味都败坏了。

在那山也遥远、水也遥远、路途更是十分遥远的乡间，终日劳作的山民们喝的都是淋过雨的茶，或者说是清明过后采下的大叶茶，叶片虽说大一些，看上去也不鲜嫩了，但是用山泉水一泡出来，嗬，你看嘛，茶杯面上一丝儿悬浮的白沫沫都不起，那汤色仍是诱人得很哪。呷一口，只觉得清香沁人，不愿放下杯子！

山民们时常对我说，我们吃的是粗茶淡饭。有客人来，我们拿豆子推些豆腐招待了。十分尊贵的客人来了，我们才割下一点腊肉来招待。只在逢年过节时，才杀猪宰羊地吃得好一些。城里人呢，平时的饭菜很讲究，吃得十分精致，住的就更不用说。至于茶，那都是斟来喝的。把茶叶看得那么金贵，那当然就该把好茶、嫩茶让给他们喝啰。但是我们的筋骨强壮，我们山里人长寿，活到八九十岁，上坡下山的，走起来还健步如飞呢！

况且，况且我们到了秋天还能采茶泡，到了冬初还能采茶果，茶果榨出的油，你瞧吧——

所有这一切，都是好多年前的事了。可是我总觉得，对于经常在那里讨论食品、讨论美食、讨论健康、讨论长寿的城里人，该是有点启迪的吧。

我和茶（外一章）

叶君健

我发现浓茶会提高读书的理解力。

茶和我的生活，甚至工作发生关系，是当我在大学教书的时候，也就是在抗战期间。1940年我从香港绕道越南到重庆，在重庆大学教书。学校在沙坪坝。那里有条小街，街上没有什么像样的店铺，只有一个茶馆，颇为热闹，它总是宾客满门。原来那个地方哥老会的朋友们很多，他们相会的地方就是这个茶馆。战时的住房紧，我住在学校宿舍，一张单人床和一张桌子就把房间塞满了。我要会朋友或与朋友聊天，就只有去那个茶馆。茶馆所提供的茶是有名的四川沱茶。茶很浓，味带苦涩，非常提神，是聊天的最好兴奋剂。不知不觉之间我喝这种茶上了瘾。不去那个茶馆的时候，我就在我那个小房里喝起来——独酌，配合我的"读书"。我发现浓茶会提高读书的理解力，因为茶可以活跃脑子的想象力。

1944年我去了英国。那时第二次世界大战正在激烈地进行，英国被德国的潜艇所封锁，生活物资运不进来，沱茶当然没有了。好在我天天得到英国各地去巡回演讲有关中国人民抗战的事迹，英国人民也被动员了起来，作开辟欧洲第二战场的努力。刺激头脑的事情时时刻刻都有，没有沱茶也不觉得有所失。我真正想喝点什么的时候，就拧开自来水管——在去重庆以前我就是这样解决"渴"的问题的，根本不知道什么叫作茶。但在英国，茶还是要饮的，不过茶的性质及饮它的目的不同——实际上它是饭食之一种。

茶这种植物原是中国人发现的，饮茶这种习惯也是首先在中国人中间传开——据传说，神农在位期间，公元前2737年，中国人就已经开始饮茶。但是中国最古的辞书《尔雅》里所记载的茶作为人民生活中的饮料，是在公元前350年才开始。到了8世纪末，饮茶的习惯已经发展到了这种程度：唐代文人陆羽（733—804）还专门写了一部《茶经》，论述茶的性状、品质、产地、产制方法及应用等问题。唐朝政府甚至还征收茶税。日本从唐朝引进了饮茶的习惯，竟然在13世纪末也出版一本有关茶道的著作。欧洲文献中茶最初出现于威尼斯的著名哲学家建姆巴蒂斯塔·拉木休（*Giambatista Ramusso*，1485—1557）写的三卷《航海与旅行》（*Delle Navigazicaie Viagge*，1550—1569）一书。英国人于1559年从翻译荷兰航海家演·胡歌·万·林—叔丹（*Jan Hugo Van Lin-shooian*）写的《旅游记》（*Travols*）才得知"茶"（Tcha）这种饮料。到了17世纪中叶，茶已经开始在英国普及了。1657年伦敦的加尔威咖啡馆（Carway's Coffee House）开始公开卖茶。1658年伦敦《政治信使报》（*Mercurius Politicus*）第一次登了这样一则关于茶的广告：

那种美妙的、被医务界所认可的中国饮料。中国人名之谓"茶"（tcha），别的国家叫作"泰"（tay），又名"德"（tee），现在在斯魏丁·伦兹街的"苏丹总咖啡馆"，由伦敦的皇家交易所出售。

饮茶的习惯就这样成了英国人日常生活的一个组成部分。事实上英国成了西方的主要饮茶国。但英国人所饮的茶却和我们的不同。当茶叶最初在英国出售的时候，它每磅的价格——英镑，大概相当于现在至少六十到一百英镑，相当于现价五百到一千元人民币。这样价钱的茶当然只有贵族才能品尝。也许正是由于这个缘故，英国东印度公司开始在印度和锡兰开辟茶园，大量生产茶叶。因为气候的关系，这种茶叶既粗又黑又涩，即英国所谓的"黑茶"（black Tea），我们把它叫作红茶。英国人喝它的时候在里面加进牛奶和糖。这样的茶就不是"品"的饮料了，而是食物的一种。英国人吃早饭的时候有它，上午十点多钟打尖的时候有它，下午四点来钟"小吃"的时候也有它。有些英国人甚至把它配以三明治、沙拉和点心当作晚饭，即所谓"高茶"（high tea）。每天人们就这样伴着饭食"吃"几次茶，此外就从不"泡茶"作"品"的享受。但在我们中间，我们的办公桌上随时随地都放着泡好的一杯茶，当然也随时随地地"品茶"。甚至公共汽车司机在行车的时候，也要在他的座位旁放一大杯泡好的茶。

我在英国住了近六年，虽然天天要"吃"几次茶，但真正喝的时候还得开自来水管，用漱口杯或用嘴对着它饮几口。我在重庆习惯了的沱茶，当然只能成为美好的回忆了。再与它重逢的时候，是在1949年冬，我回国以后。从此"黑茶"们成为记忆了，因为中国的饭食和它配不上套。沱茶又成了我在家接待朋友或读书的陪伴。我对茶的经验也只限于这个范围。有关沱茶（除四川以外还有云南产品）的学问，据说很广，但除了上述范围外，我就说不出更多的道理了，因为我对它的体验不深。我喝茶大部分在晚间。我的办公桌的抽斗里从没有茶叶，桌上自然也没有茶杯。一晃三十多年就这样过去了。倒是在现在当了"顾问"以后，也就是过了花甲之年以后，我不需坐班，得有机会到国内许多地方（有不少还是名胜地）去跑跑，认识了许多新朋友。承他们的厚谊，每年我总要收到他们寄来的一些本地新茶，我"品"起来倒还带味。我当然谈不上是什么茶的鉴赏家，但近十多年来我"品"过的茶种确实不少。从中得出了什么结论呢？

很简单：中国的美好东西太多，茶是其中突出的一种。但它不像其他珍贵的东西，它既高雅，又大众化，没有它中国人的生活方式就不完整——柴、米、油、盐、酱、醋之外，还必须有茶。可惜这个真理，我只有在生活中兜了好大一个大圈子以后才悟出来，未免觉得惭愧。

大碗茶

　　　　只有在这个名称下我才能享受与他们交谈的愉快。

　　在一个地方住久了，左邻右舍——甚至附近街道大多数商店和服务行业——的人差不多都认识，特别当你不时得提着菜篮子到胡同口或者菜市场去买小菜、或者到邮局去寄信和书刊、或者到黑白铁活店去修水壶和锅的时候。即使有些人你不认识，但别人却认识你，因为他们已把你的面孔和衣着看熟了。我和本胡同及附近几条街道上的人的关系就是如此，甚至与附近一带捡破烂的老头、老妇及其助手——他们的小孙子或孙女——的关系也是如此。他们当然不太知道我的职业或名字——对此我们都无兴趣。但大家在一起拉起家常来时，为了谈话方便，总得找个代名词。他们给我的代名词是"师傅"。我的头发早已由灰白变成全白，倒是有点老师傅的样子。我对这个名词，不知怎的，倒有一种亲切之感。我对它的珍视要远远超过"顾问""名誉教授""编委""评议员"这类的头衔，因为只有在这个名称下我才能享受与他们交谈的愉快。

最近我就和一位经常见面，并且与我家的生活日益发生密切关系的另一位老师傅作过一次推心置腹的亲切谈话。他是不远一个街道商店的老售货员，现在已经退休，但仍在发挥余热，每天推出一辆菜车串街售菜，为的是"方便群众"。他车上如有什么好菜，一见到我就要提一句：

"瞧，这是今天早晨到的黄瓜，多新鲜，买两根去拌凉粉皮。"

"多少钱一斤？"这是我经常问的一句话。

"两块钱。"

我就不再问了，当然也不买。这是几年前一斤高级瘦肉的价钱。当然我也能买得起，但是一种习惯势力本能地阻止我下定决心。我总觉得天气转暖，黄瓜的产量就会很快提高，价钱也会落下来。到那时再享受它不迟。

这段期间有时新鲜蒜苗也在他的车上露面，这位老师傅照样友好地提醒我。我也照样友好地回答"等等看"。

这位老师傅人生经验丰富，凭他的观察和耳闻，他对什么现象都得出了一个自己的结论："读书人现在不行了，刚上市的菜不敢吃，甚至新鲜一点的菜也不敢吃。"这是他新近得出的一个结论。当然，就我说来，这个结论不一定正确，因为两块钱一斤的黄瓜我还能买得起。但我不能否认，他的结论却具有普遍真理的意义。

他每次做出这样的结论时，总不免发表一点议论：

"瞧，×××是个三教九流式的人物，当上了包工头，现在又是一个什么建设开发公司的总经理。气候大了，也能跟×××这号人物扯上了关系，每天钱大把大把地滚进他的腰包，'女秘书'凭他挑选享用，吃饺子非用扁豆做馅不可……想想看，扁豆这时的价钱！比黄瓜还贵。"

他议论完不等我答腔，又意外地激动起来，继续说："我自己卖扁豆，也不敢用它来包馅。现在有补差，再加奖金，我一月也只有一百五六十元钱。当然这比当什么教授要高明一点——听说他们的工资和我的差不多，但是他门路却比我要窄得多！你有点像个读书人，没有干过这行业吧？"

我摇了摇头，没有正式表态。于是他又接着议论下去：

"不过这行业的人也需要。比如说吧，如果我的孙子能上大学，还得依靠这号子人。"他的声音开始平静下来，"我倒有个想法：现在世道翻了个，万般皆下品，唯有关系高。有的人不会搞关系。我看你就是这号子人，所以贵一点的菜你就不敢买。赚几个老实钱也不难，只要你能跟上时代。我看卖大碗茶很不错。这不要什么本钱，也不须花太大气力。如果你觉得不便，可以派你的老伴出场。就在这个菜摊子旁边方便方便群众。这样我们还可以在一起聊天，何乐而不为？你看怎么样？"

"你这个想法有价值，"我开始答腔，称赞他的高见，"只是卖大碗茶也得有牌照……"

"那有什么难？"他抢着说，兴奋起来，"你买几条进口烟的钱总有吧？我可以代你疏通，给你办好！"

他认真起来。这样热心快肠的人，在这个"唯物主义"盛行的时代确也难得，我不好婉言谢绝他，只能答应回去与老伴"商量，商量"。别的话就不好再谈下去了。但与老伴商量，如何启齿，倒成了一个问题。这个问题，开始压得我心神不安，好多天不敢再与这位老师傅见面。在我平淡无奇的生活中，这竟成了一场平地风波，引出了不少完全没有必要、但却恼人的思绪。

说茶

白航

我发现茶有一种特殊的功能,即能减肥。

入门七件事:柴、米、油、盐、酱、醋、茶。这是古老的中国吃得起饭的知识阶层,必不可少的七种生活必需品。茶是"老幺",它除去能满足人们的生理需要外,还蕴含着一种深层次的文化需求,所以,这个茶字,比起其他的六个字来,更具丰富的内涵。

茶是市民阶层招待客人和休养生息的一种手段——进门先敬茶,"交往待客它为先"(民歌语),敬茶如农民敬烟一般。农民平时没有饮茶的习惯,茶馆都开在乡场上,客人来了多是敬烟;家庭富裕者敬客人水烟,一般敬叶子烟。主人双手捧给你几匹金黄的烟叶,请你自卷自"叭",往往是一边手上裹着烟,一边口中讲着什么话。这却使脑壳受罪了，既要不时抬头看主人，还要常常低头照看卷烟，不免像个磕头虫似的。然后，就云里雾里地吞吐起来，达到主客感情的升华与和谐。所以，四川农村有一句谚语，叫作"烟是和气草，吃了还找"；而敬茶，何尝不如此。敬茶多用碗，一位客人一杯，这很浪费。如果一天家中来了三五位客人，则要泡上三五杯茶，不管客人吃不吃。交际广的人，一月用的茶叶，还是颇为可观的。

四川是个出茶的省份，气候土壤都很适于种植。丘陵或山区的县份，几乎都生产茶。名山县有一座蒙顶山，种茶有悠久的历史了，流传着这么一句话："扬子江心水，蒙山顶上茶。"当然，据我考查，第一句话有些失实，长江的水从前即便很清冽，也不一定适于泡茶，因为往来的船只很多，水会被污染的。这个"扬子江心水"的"扬子"二字，是个地名，即江苏的仪征县，唐称扬子驿，在南京和扬州之间。这一句话可能是"扬子中泠水"的误传。语出《唐才子传》"陆羽"条内："初，御史大夫李季卿宣慰江南，喜茶，知羽，召之。羽野服挈具而入。李曰：'陆君善茶，天下所知。扬子中泠水又殊绝。今二妙千载一遇，山人不可轻失也。'"

又：张又新《煎茶水记》（《全唐文》卷七二一）云："新元和中尝于荐福寺一楚僧处见数编书，其一题曰《煮茶记》云：'代宗朝李季卿刺湖州，至维扬，逢陆处士鸿渐。李素熟陆名，有倾盖之欢。因之赴郡，抵扬子驿，将食，李曰：'陆君善于茶，盖天下闻名矣，况扬子南零水又殊绝，今者二妙千载一遇，何旷之乎！'命军士谨信者，挈瓶操舟，深诣南零。"从这两段文字的记载看，泠水即南零水，零、泠音相通，或许是扬子驿附近流入长江中的一处溪流吧。而"蒙顶山上茶"却实实在在指的是名山县的蒙山茶。现在山顶上还有给皇帝进贡的古茶园。山岩上也有一株长了七百多年的老茶树还活着，可作证见（可惜它不会说话）。四川民间流传的《采茶歌》很多，五十年代我曾收集到五种，其中一首叫《吃茶歌》，唱的是有关茶的来源、用法与种植情况。歌中提到茶是唐僧到西天（印度一带）取经时带回国内的，最先种植的是僧人，这一点颇为新鲜。关于茶的"原始出生地"，据说现在国内外有两种不同的看法。一说茶是中华土产，一说茶是舶来品，争得不可开交。我看，大家求同存异，都不必恨气，说来说去，茶总是生在我们的地球上的吧！这个结论是千真万确的，不是吗！现把这首《吃茶歌》抄在下面，供研究参考：

吃得茶来就说茶，提起茶树有根涯。茶是山中灵芝草，水是龙宫肚内花。担水之人桶又大，连担几挑大汗洒。灶内忙把干柴架，壶水烧得起莲花。忙把茶叶抓一把，泡进碗内才叫茶。来人来客端杯去，初一十五敬菩萨。

（作者按：用茶敬菩萨，清汤寡水，菩萨准会降祸给你。所以过去敬菩萨用猪蹄膀，现在则改用好烟名酒了。）

唐僧西天去取经，带回茶籽两三斤。观音庙内宿一晚，失落茶籽在院庭。大和尚捡了认不到，幺徒弟捡了认不真。只有长老眼法好，知是远方采茶人。西里山上种一把，峨眉山前种九巡。落得三天麻麻雨，四路茶针一齐生。叶子生得针对针，蟒蛇过路不敢停；叶子生得硬又薄，乌鸦过路不敢啄；叶子生得尖对尖，雀儿飞来不敢攀，不敢攀，几年茶树生满山！

茶馆，要数四川的最多，城市小镇的街道上，几乎都有一两家。它既是文化娱乐的中心，又是人与人交换信息的中心，旧社会的茶馆，还兼有民间法院的性质。有纠纷的人户，逢场时可到茶馆里去"讲理"，由当地有权势的人——保长、乡绅和袍哥大爷来断案（公道不公道自有天知道）。四川有些作家，还特别喜欢在茶馆里写作。五十年代我和萧荻在大邑县三叉乡体验生活，他要写作时，就必须到七八里外的乡上茶馆里，否则，便抓耳挠腮，得不到一点"灵感"。

一般人在茶馆里，只要买上一杯茶，便可坐一整天，只要你有时间。甚至中途出去办事，亦可向茶伙计招呼一声，那碗茶会仍然给你留着。不像有些省份，吃茶时有一定的时间。如1988年12月间，我应诗人柯平的邀请去湖州、杭州等地参加一些诗会，顺便在湖州的一个水乡古镇——南浔住了几天，领略了小桥流水人家的佳趣。这里河水从镇中间川流而过，帆樯满街，咿呀、突突之声不绝于耳（突突声是现代的机动船）。小桥都是高拱桥，很适于林黛玉似的古装美人，在桥头细吟"花谢花飞花满天"的诗句。某天早晨，我们便到河边茶馆里去吃茶。这里，黑糊糊的茶馆里已然坐满了人，大都是老年乡下农民，衣服穿得相当陈旧，甚至比我穿了多年的那件中山装还要难看。在大都会中，他们的影子几乎已经绝迹了，然而这里，他们像旧社会中的那些鬼魂，突然不知从什么地方冒了出来，坐在这个偏僻的黑茶馆里聚会（实际上，他们是来卖小菜和小鱼小虾的）。这里的茶具是一人一个黑色陶壶，一只茶杯。他们都把手按在黑陶壶上，或沉思，或谈话。斑驳的黑陶壶，早已被众多的手抚摸得油光发亮了。茶，虽然喝不出什么味道来，开水却掺得很勤。茶伙计随叫随到，还送你一脸和气。可惜的是我说话他们不懂，他们说话我也不懂。我们和同桌的人只好总是点点头笑一笑，好像来到了"外国"。一到十点钟，太阳照进了茶馆。这里除了孤独的我们，已经空无一人了。也许，"鬼"总是怕见太阳的吧。

最近，我发现茶有一种特殊的功能，即能减肥。我虽然算不上肥胖，甚至还属于瘦肉型之类的，但渐渐觉得肚皮似乎有点凸了起来，听人说早晨喝茶可治这种"病"，于是，每天便空起肚子在阳台上原地跑步800下，然后坐下安安静静吃两杯茶，等到吃"通"了，才去吃早点。所谓"通"，就是茶吃过后有了"解便"的需求，就是说，用茶水把肠子冲洗了一番，通通气再吃早点。不瞒诸位，吃早点我是"崇洋媚外"的，是牛乳和面包夹果酱。这样坚持干了几个月，不但精神甙好，肚皮还真的恢复得有点童男子的样份了。当然，证据是不好公开展览的，请原谅！

茶是好东西，老年人不妨多喝些，过分瘦的，自然也不必勉强。多谢唐代诗人陆羽，使中国的"茶道"兴盛起来，他终于成了中国的"茶神"。《唐才子传》在陆羽条下写道："羽嗜茶，造妙理，著《茶经》三卷，言茶之原、之法、之具，时号茶仙。天下益知饮茶矣！鬻茶家（茶商）以瓷陶羽形，祀为神。"不过，他这个茶神当得也颇为痛苦，因为茶商赚钱时，才祭祀他，但一遇生意清淡，便把气出在他头上，从头到脚，淋他以一通滚烫的开水："有售则祭之，无则以釜汤沃之。"(《唐诗纪事》）陆羽如有灵，当会恳请早点离休，以便结束这种当"神"的痛苦了。

茶话

老烈

> 我是夏天饮绿茶，冬天饮乌龙，春秋间
> 或饮点红茶。

饮茶是很有趣味的事。早年我并不知道茶为何物，更不知道饮茶是怎么回事。在我的家乡那个小镇上，只有地主和大老板才饮。一般人家逢年过节买二两茶待客，多属等外品或剔压货，沏出来是黄沌沌的浑汤，那味道也就可想而知。人们讥笑它叫"涨肚黄"，冲了七八道，成了"涨肚白"，还在那里"请吃茶，请！"。后来在山东沂蒙山区的农村，喝过烤糊了的桑叶做的"桑茶"，炒焦了的高粱做的"米茶"。放进"吊子"（瓦罐）里在灶门上煨滚，便可以喝了。据说可以消气。1949年以后在一个领导机关工作，当"二排议员"。每逢开会，领导们坐在围成一圈的沙发里，我们在外围，坐二排。两三张长桌，几把靠椅，作记录，整材料，有所垂询还得回报几句。不过吃茶颇受优待，和领导们一律平等，每人面前都是一杯龙井。从此，慢慢地吃出了味道，也懂了点门道，成了茶客。只有"文化大革命"成了"对象"那几年，上厕所要报告请求批准，万一"牛倌"不点头，便连屎尿也得憋着，别说没有茶，就是白开水也不敢多喝。此外，四十年来，简直不可一日无此君。

饮茶，北方人喜欢花茶，长江沿岸多饮绿茶，闽粤则讲究乌龙。我这个北方佬，一路南来，落户广州，茶就饮得杂，什么都来，未能"从一而终"，够不上"忠贞之士"。一般地我是夏天饮绿茶，冬天饮乌龙，春秋间或饮点红茶。对于花茶则不感兴趣，总觉得它有点"小家碧玉"的脂粉气，香味是人工后加的，不纯不正。而龙井、水仙之属，"淡扫蛾眉"，"国色天香"，得一种自然之香的天赋美意，妙得很。绿茶的上品，要数"西湖龙井""太湖碧螺春""庐山云雾""黄山毛峰""六安瓜片"等等。乌龙有"武夷岩茶""铁观音""大红袍""水仙""凤凰"之类。红茶是"祁红""滇红""宜红"，近年"英德红""海南红"也渐渐有名。好茶的形状也美。"龙井"纤细俊秀，泡出来一芽一叶，便是"一枪一旗"。"碧螺春"柔曼娇弱，沸水一冲，显现白茸茸的嫩毫。"乌龙"苍老虬劲，舒腰展身之后，暗绿的边缘上便泛出一圈红晕。品茶须分色、香、味。"色"比较好分辨，上等绿茶，汤如翡翠而略带嫩黄，清澈明净。乌龙汤若金橙而稍显棕黄，晶明深透。红茶汤似琥珀而微泛金黄，鲜艳红亮。反之，凡是暗而浊的汤色，那便是次品、下品了。"味"也比较好说，绿茶清而甘；乌龙苦而甘；红茶涩而甘。好茶一入口，便先感到有些清、苦、涩的味道，然后就觉得有一种浓厚的甘甜回味，香透齿舌。如果只有苦涩而无甘甜，那便是等而下之的东西。唯有这"香"难说。好茶，泡出来确实好闻，香，奇香，异香，妙不可言的香。但到底是什么香？却难以比喻。花茶一闻便知，这是茉莉香，那是玫瑰香。红茶、绿茶、乌龙的香，你就很难说得清是哪种花香、哪种木香抑或哪种人造香？所谓"醇厚"呵，"馥郁"呵，"芬芳"呵，并未解决问题。大胆妄言一句，也只能说，绿茶香清，红茶香艳，乌龙香浓。这似乎又包含了香的轻重程度，还是没说清楚。没办法，且待方家指教罢。

待到在广州落户，尤其到汕头去过几次以后，我才明白天地原来这样广阔，而饮茶竟有如许"工夫"。潮汕饮茶，非常讲究。红、绿、花茶一概不取，独嗜乌龙。茶具也特别，小巧玲珑。一只宜兴紫砂壶，只有蜜柑那么大小；四只枫溪小杯，薄如蛋壳，质地洁白。放在一只圆盘上，中有几组梅花形小孔，可以漏水，下面是个壁高两厘米的盛水圆钵。还要有一套煮水的器具，一只红泥小炉，燃烧白炭，精致的小铜壶，晶光锃亮。水则以泉水最好，井水次之，自来水差些。煮水，初沸为"鱼眼"，二沸为"连珠"，泡茶最好，三沸腾波鼓浪，水就"老"了。饮时，先将茶叶放入紫砂壶内，几乎填满。水沸后，冲入壶中，迅即倒出，除去浮沫，谓之"洗茶"。然后再冲水泡茶，盖好壶盖，还要在壶上淋浇沸水"洗壶""洗杯"。这之后才斟茶，那就又有一套规矩，开始是"关公巡城"，一杯挨一杯反复斟注；等到壶里茶汁少了，便是"韩信点兵"，一滴一滴地平均分配。这时，各项"仪式"都告完成，主人作个手势："请！"于是主客一齐举杯，慢慢品啜。如此，往复三五巡，才算茶毕。这通手续真是繁琐极了，难怪要称作"工夫茶"。不过，杯壶炉盘，红白金紫，赏心悦目；一杯香雪，两腋清风，味沁胸腑，倒也很值得，称得上怡情趣事。近几年东山赋闲，偶尔也附庸风雅，"工夫"那么一次，"虽不能至，心向往之"，自得其乐而已。

若在广州坐茶楼，那就又是一番情景，讲究的是"一盅两件"，即一杯茶两件点心。老实说茶品并不怎么高，而点心却非常之好，像虾饺、蛋挞、擘酥、马蹄糕等等都很有名。茶市分为早、中、晚，早市最热闹，也更有味。差不多清晨五点就上座了，接着便四方辐辏，接踵而来，真是高朋满座，盛友如云。三五茶友，一起就座，慢斟细品，地北天南，足可盘桓到八九点钟。那种气氛，确实"够味"。北方却不同，在1949年前，茶馆要到早饭后九十点钟才开市。阔老逸少入雅座，贩夫走卒在大厅。一张八仙桌，几把太师椅，墙上贴着"警谕"："莫谈国事，勿论人非。"品茶谈心，也只限于柴米油盐的行情市价。有的茶馆间有"说大鼓"唱"莲花落"的，多是些"三国""水浒""渔樵闲话"等等评书演义，还得时常带上一句"太平年呐，一朵落莲花"！四川茶馆又别有风情。饮的是盖碗茶，虽也边饮边吃，却只有茶熏腐干、五香花生米之类。"茶博士"的冲茶手艺也特别：客人落座，看清人数，左臂一叠碗盏，右手一把铜壶，走将过来，啪啪啪啪，单手一甩，茶托便放齐了；然后放好茶碗，投上叶子，高高地举起长嘴铜壶，远远地离碗足有两尺距离，唰的一声便将沸水冲去。外乡人没看惯，不免害怕，担心沸水溅到身上，殊不知这一切动作有惊无险，来得干净利索，一滴不溅，半点不流。那真叫高，实在是高！中国是茶的发源地，种茶、制茶、饮茶有两千多年的历史，经验丰富。《诗经》《汉书》都有关于茶的记述，唐陆羽著《茶经》，宋赵佶写《大观茶论》，蔡襄有《茶录》，丁谓有《茶图》，明陆树声有《茶寮记》。清朝，从《红楼梦》里，妙玉以梅花雪水烹"老君眉"，用"绿玉斗"招待宝玉，便可见"茶道"之一斑。历代诗人名士在诗词歌赋中也多有吟咏,杜牧、梅尧臣、白居易、陆游都有"茶诗"传世。特别是苏轼,"大瓢贮月归春瓮,小杓分江入夜瓶",竟连江中汲水烹茶也写到了。但其中最美的恐怕要数唐朝的卢仝。他把饮茶说得美妙至极:"一碗喉吻润;二碗破孤闷;三碗搜枯肠,唯有文字五千卷;四碗发轻汗,平生不平事,尽向毛孔散;五碗肌骨轻;六碗通仙灵;七碗吃不得也,但觉两腋习习清风生。"上了天了。

我家的茶事

冰心

我是从中年以后，才有喝茶的习惯。

袁鹰同志来信要我为《清风集》写一篇文章，并替我出了题目，是《我家的茶事》。我真不知从哪里谈起！以前有一位诗人（我忘了名字），写过一首很幽默的诗：

> 琴棋书画诗酒花，
>
> 当时样样不离它。
>
> 而今万事都更变，
>
> 柴米油盐酱醋茶。

这首诗我觉得很有意思。

这首诗第一句的七件事，从来就与我无"缘"。我在《关于男人》写到"我的小舅舅"那一段里，就提到他怎样苦心地想把我"培养"成个"才女"。他给我买了风琴、棋子、文房四宝、彩色颜料等等，都是精制的。结果因为我是个坐不住的"野孩子"，一件也没学好。他也灰了心，不干了！我不会作诗，那些《繁星》《春水》等等，不过是分行写的"零碎的思想"。酒呢，我从来不会喝，喝半杯头就晕了，而且医生也不许我喝。至于"花"呢，我从小就爱——我想天下也不会有一个不爱花的人——可惜我只会欣赏，却没有继承到我的祖父和父亲的种花艺术和耐心。我没有种过花，虽然我接受过不少朋友的赠花。我送朋友的花篮，都是从花卉公司买来的！

至于"柴米油盐酱醋"，作为一个主妇，我每天必须和它们打交道，至少和买菜的阿姨，算这些东西的账。

现在谈到了正题，就是"茶"，我是从中年以后，才有喝茶的习惯。现在我是每天早上沏一杯茉莉香片，外加几朵杭菊（杭菊是降火的，我这人从小就"火"大。祖父曾说过，我吃了五颗荔枝，眼珠就红了，因此他只让我吃龙眼）。

茉莉香片是福建的特产。我从小就看见我父亲喝茶的盖碗里，足足有半杯茶叶，浓得发苦，发苦的茶，我从来不敢喝。我总是先倒大半杯开水，然后从父亲的杯里，兑一点浓茶，颜色是浅黄的。那只是止渴，而不是品茗。

23 岁以后，我到美国留学，更习惯于只喝冰冷的水了。26 岁和文藻结婚后，我们家客厅沙发旁边的茶几上，虽然摆着周作人先生送的一副日本精制的茶具：一只竹柄的茶壶和四只带盖子的茶杯，白底青花，十分素雅可爱。但是茶壶里装的仍是凉开水，因为文藻和我都没有喝茶的习惯。直到有一天，文藻的清华同学闻一多和梁实秋先生来后，我们受了一顿讥笑和教训，我们才准备了待客的茶和烟。

抗战时期，我们从沦陷的北平，先到了云南，两年后又到重庆。文藻住在重庆城里，我和孩子们为避轰炸，住到了郊外的歌乐山。百无聊赖之中，我一面用"男士"的笔名，写着《关于女人》的游戏文字，来挣稿费，一面沏着福建乡亲送我的茉莉香片来解渴。这时总想起我故去的祖父和父亲，而感到"茶"的特别香冽。我虽然不敢沏得太浓，却是从那时起一直喝到现在！

太湖畔的熏豆茶

吕锦华

> 今儿上东家剥，明儿大伙又上西家剥，
> 这样，很累的活儿便在大家的说说笑笑中完
> 成了……

这是一种别有风味的饮茶习俗。这习俗在这块美丽
的多水的土地上已经流传了多少年尚无记载，也许，和
这块土地一样地古老。

太湖南滩，方圆几十里是有名的蚕乡。它与浙江省
毗邻，处在江浙两省交界地带。在岁月漫长的更迭中，
它与浙江的湖州南浔乌镇等一起因气候暖温雨水充沛桑
树成海而逐渐成为一方得天独厚的种桑养蚕的富饶之地。
"四面湖光绕，中流塔影悬；荻塘西去路，蚕事胜耕田。"

生活的富足使这块土地浸润在一种安详温馨的氛围

中。人们开始细细品味生活打发日子。蚕农，以至后来影响到这一带古镇上生活的居民，都把喝熏豆茶看作是生活中一件重要事情了。除了亲朋好友来访作为一项很隆重的礼节必须泡上一碗甚至两碗熏豆茶招待外，左邻右舍、村与村之间还常常用喝熏豆茶的形式进行串门、访问、玩游乐和各种交流。

熏豆茶的冲泡十分讲究。熏豆茶一般由熏青豆、胡萝卜丝、熏豆腐干、芝麻和碧螺春之类的上等绿茶冲泡而成。更讲究的，外加桔皮、笋尖、青橄榄一枚揉在其中。这熏豆，取的是刚丰满、色泽尚绿的嫩青豆熏烤而成；这水，取的是没有一丝儿杂质的太湖水，而且现冲现煮；这柴火，用的是冬天从桑树上修剪下来晒干的枝枝丫丫，烧起来无烟无杂味。在这一带乡村走访，可以看到几乎家家的灶屋的墙壁上都留出一小方壁洞，里面分两层，下面置柴火，上面放一只盛水的紫铜壶。客人来了，柴火便点着了，不多一会儿水便吱吱唔唔叫起了，你几乎还没把访亲拜友的客套话讲完，一碗香味扑鼻、色彩纷呈的熏豆茶已经递到了你面前。这熏豆，绿绿圆圆的像一颗颗珍珠；这胡萝卜丝，红红的卷曲着；这熏豆腐干切成了方方细细的颗粒，像一枚枚精致的小印章；还有漂在上面的白芝麻和碧螺春的叶片在微黄的茶水中忽沉忽浮舒展着身子。接茶到手，一望，你就已经心花怒放了；待得喝上一口，那咸中带甜、甜中带鲜、鲜中带涩、涩中又回味无穷的味儿，着实可以让你醉了。面对这样一盏色、香、味俱佳的茶水，你只觉得富饶的蚕乡、蚕乡的富饶再不是挂在嘴上贴在墙上；一切，都在香香甜甜、清香扑鼻的茶水中品味到了。

水乡的黄昏是迷人的。而喝熏豆茶的风俗，又给这迷人的黄昏增添了乐趣和热闹。薄暮淡霭里有远远近近的渔船泊在湖边补网晾网。风拂清波，波拍岸壁，那幅宁静的图卷那份轻轻的涛语令人心醉。而就在这时，这头那头便响起吴侬软语的甜甜的喊声："喂，今晚到我家来喝茶喽——!"喊声此起彼落，使宁静的村落一下子又喧闹起来。就像它能把大大小小的木船从小小大大的半月形的桥洞送往四面八方一样，它也能把人的大大小小的烦恼搓成丝丝缕缕的云烟送到远远不可知的地方，消散得无影无踪。于是，灯光桨声中的太湖小村，便被一团团的笑声包围了，被一缕缕熏豆茶的香味包围了。若是邻里之间家庭之间发生了什么不愉快事情，此时，亲戚朋友们便利用请喝茶的机会进行劝说、安慰、调解或开导。还有村与村之间的喝茶风俗。此时的熏豆茶便成了人们社交和娱乐活动的友好使者了。每年农闲时节走村串户地喝茶行乐在蚕乡极为盛行。人们在喝茶的同时再配以说说唱唱的民间娱乐，使疲劳的身子得到恢复，又使闲着的日子过得有滋有味。遇上村与村之间有一些家事什么的需要商量，在这样一种特定的亲切的气氛中进行，也就顺利好办多了。

多少年了，熏豆茶就这样泡下来了，一代又一代，至今未凉。凉了的只是一次次的相聚和玩乐。

其实，喝茶是一乐，制作熏豆茶茶料的过程也是一乐。

每年春天摘采茶叶的季节，这里的蚕农便陆陆续续摇着小船漂过太湖，去七八里外遥遥相对的东山西山采购上等的茶了。这采购不像城里人带着现钞去，而是在小船里装满了自家栽种的百合、山芋、大头菜，待得卖完便向茶农家里购得一小包刚烘炒好的上等绿茶兴冲冲回家。绿茶带回家是舍不得沏的，而被珍藏在一个小瓮里，四面密封扎好。待得中秋过后开始筹制熏豆茶的第二料熏青豆。剥青豆原是一项很累又很寂寞的活计。老太们便想出一条妙计：今儿上东家剥，明儿大伙又上西家剥，这样，很累的活儿便在大家的说说笑笑中完成了，还成了老太们每年秋天里一项很快活的串门聊天的活动。豆茶的第三料黑豆腐干又是蚕乡的特产，已有好几百年的历史。早在乾隆年间已远近闻名。据说乾隆皇帝南巡时地方官员曾奉献茶干供皇帝品尝，皇帝称赞不已，从此成为贡品。熏茶干的制作工艺更为精细复杂。调味品以三年陈酱为基料，加味精、冰糖、素油，再辅以天然香料茴香、桂皮等入锅，以文火煨煮，浸透入味。制好的茶干黑而光亮，其香馥郁，其味鲜美，其质细韧，作为小吃下酒均可，而切成细末冲泡茶中，熏豆茶便越加别有味道了。此茶干市场上随时可购到，并不费力。第四料胡萝卜丝则用初冬时节刚上市的鲜胡卜腌制晒干而成。一碗熏豆茶，喝茶水是一种享受，慢慢地把茶料咀嚼下去更是一件有趣的事。初到此地的客人常常喝干了茶水而对碗中红红绿绿的茶料一筹莫展。或是埋怨好客的主人怎么不再备上一份筷子。备筷的习惯这里似乎还没有过，何故至今尚未考证。只是蚕农们喝熏豆茶都是很轻松的事，茶水喝干后他们便用手轻轻拍碗底，那碗中的绿豆红丝便一颗颗一条条跳进了嘴里。当然对于初访的客人他们绝不苛求。他们会请你取出笔什么的往嘴里拨，一边笑着一边聊着在不知不觉中结束这一场不亚于游戏的有趣的礼节。

近年来我在南方一些大城市的高档食品店里，偶尔也会看到一袋袋碧绿光滑的熏青豆，被摆在一个个精致的玻璃柜里出售。这颇有点像个不着意打扮的村姑带着一身乡野的气息跻身在一片珠光宝气的洋小姐中；另外，离开了它的许多伙伴，也给人一种孤零零的感觉。我当然仍不无喜悦。家乡的特产居然也受到了城里人的青睐。然而除了喜悦，我还十分担忧，对于喝惯了咖啡可乐，过惯了快节奏生活的城里人来说，熏豆茶那淡淡的回味无穷的味儿，他们能细咀慢嚼、细啜慢饮地品尝出来吗？

茶道之道

伍立杨

> 他把茶水面上的小泡沫，比作细小的乳
> 房，观察联想都堪称奇艳。但这观察，又是
> 建立在悠闲的心境上的。

秦可卿领着宝玉入室，警幻仙姑又领着他神游太虚幻境，在那绿树清溪、朱栏玉砌的神秘所在，贾宝玉不仅见到了仙花馥郁，异草芬芳，还见到了以名山异卉之精、宝珠树林之油所制的"群芳髓"，及至小丫鬟捧上茶来，他又觉得清香味美。原来，这茶出自放春山遣香洞，又以仙花灵叶上所带的宿露烹煎，名叫"千红一窟"，宝玉见了，叹为神品，连连称羡不已。

原来人们日常饮用的茶竟有这么多的讲究，如此香美灵异的茶难道是一般人所能享用的么？谁知，中国茶

叶传到日本以后，讲究更多了，成了专门的茶道。而且，这茶道，还同禅的修证、禅悦联系在一起，所以，茶道即是禅悟之道。

中国诗人陆游说："矮纸斜行闲作草，晴窗细乳戏分茶。"前一句铺垫，是休闲的心境；后一句渲染，是禅意的获得。他把茶水面上的小泡沫，比作细小的乳房，观察联想都堪称奇艳。但这观察，又是建立在悠闲的心境上的。日本禅学大师铃木大拙以为茶道之入禅在于自我最终的纯化，而且，茶道的淳朴是以松树下的茅屋为象征的。这样看来，茶道的美心是原始而质朴的。为什么茶道又以松树下的茅屋为象征？这就是亲近自然的理想了。茶道与禅的相通之处，是在对事物的纯化。而在松荫茅檐下，室虽狭小，结构虽简单，然而静坐在这布置独到的小屋中，往往就要令人把名利啊、倾轧啊、妒嫉啊，这些人类固有的弱点和毛病看淡一些，远离一些，在茶香的弥漫中，在寂静的空间里，天机舒卷，意境自深，这样说，茶道决非简单的喝茶。

中国画大师齐白石论画，拈出一个静字，实在是说到了艺术某个方面的真实。倘若画家的心中填满了名利世故，没有了虚灵之地，以"罗万象于胸中"，而欲在作品中开辟境界，抒写性灵，恐怕是很难的事情。禅，尤其是作为禅的茶道，也足以使我们的心中萌发一种真正的艺术气氛。禅悟的获得在静。而茶香的飘逸，茶烟的袅动，茶叶的翻浮，虽都是动，但动复归静，即其动之本身也是微动，正好作为静境的烘托和铺垫。这正是可以作为禅悟的无数个瞬间。

酒使人陶醉，茶却使人微醺；酒使人沉湎，茶令人梦幻。在禅院中常常能看到四字书法：和、敬、清、寂。在静寂中沉入梦幻，在梦幻中潜回意识的底层。日本的茶是从中国发展去的。唐代的中国禅寺，僧人同来访者一起吃茶，其特质是使僧侣和诗人能够鉴赏它，品味它，在宁静的氛围中，产生一种安谧的气息，催人冥想。敏感的心灵，此时是很容易超逸到俗务之外去的。

人生、艺术若是融化了这种茶道精神，不是别有一番格调和韵味么？

禅院吃茶的仪式在唐宋间传入日本，并经改造后成为独立的茶道。在英语中，称之为 tea ceremony。其实在中国，饮茶的习惯可上溯到东晋，那时的僧侣饮茶是为了使精神复苏，使其有助于坐禅修定，专心思维。唐代禅僧更盛行吃茶，同和尚交游甚厚的茶圣陆羽《茶经》记载的煎茶法，源于丛林中，贯休诗云："青云名士时相访，茶煮西峰瀑布冰。"饮茶不仅是补充液体了，它的精神是静寂、和融。人生于世，追求心灵自由者莫不抱着这样的愿望，抛开羁绊，向大自然倾吐心声。这才是茶道的真正着眼点。

茶事杂忆

华君武

现在凡是西湖茶叶都标龙井，这自然是骗人的。

喝茶大约和年龄有关。我是江苏无锡人，但洞庭东山的碧螺春是四十岁以后才喝到的。我生长在杭州。杭州茶馆甚多，沿西湖边的西园，延龄路的喜雨台都是大茶馆。至于点缀在杭州城里、西湖风景里的小茶馆和凉亭卖茶的就不知其数了。国事之衰和茶风之盛也是一种对比。我们随长辈上茶楼，心不在茶而是桌上的黑白瓜子、桃片果仁和最后一盘枣泥油包；还有一种乐趣就是凭窗看湖边游人和湖中的游艇。其三就是看"堂倌"（现称服务员）用大铜壶在两尺远处注井水入茶壶。这真是一种绝技，现在当然失传了。

杭州西湖南山的满觉陇，满山丹桂和栗树，桂花盛开时栗子也成熟了。因为是邻居，新鲜栗子剥开都有桂花香味。我们在树下喝茶，剥着刚从树上采下的鲜栗子，实在文雅得很。

现在凡是西湖茶叶都标龙井，这自然是骗人的。那时确实只在龙井寺附近有一小片茶地，佛寺视为珍品，只有和寺里的住持是好友或是大施主，才能喝到上等龙井茶，一般人是喝不到也买不起的。

三十年代初，我到上海念书。学生和茶馆无缘，只有偶然一次机会我到了四马路，即现在福州路的一家大茶楼。里面的茶客有提鸟笼的，有卜卦算命的、谈生意的，也有太阳穴上贴着黑色小方块头痛膏药的白相人（即流氓），真是三教九流汇集的场所。那种杭州茶馆的雅致，连影子也没有了。上海流氓间发生冲突，互约到茶馆里去"讲理"，俗称"吃讲茶"，就是在茶馆里进行的。其结果大多是大打出手，我没有见过这种"盛况"。

1938年我从当时已经沦陷的上海历三个多月经香港、广州、长沙、汉口、重庆、成都、西安到达陕北参加革命，一路紧张辛苦自不必说。我在成都附近的绵阳等候去西安的商车。这些私营的长途汽车，时有时无。无聊之余就跑到一家小茶馆去。里面大约容得下十人，坐的是竹制靠背椅，喝的是盖碗茶，还有卖大花生的；其中最吸引人的是有"皮影戏"可看。我当时并不懂四川话，虽不懂其剧情，但皮影动人、有趣。那种川味茶馆的气氛，相隔五十一年还历历在目。

到了延安，真是一个新世界，旧社会和十里洋场那些藏污纳垢的东西全没有了。国民党反动派包围封锁，延安物质生活是困苦的，但比起前方又好些。偶遇节日，或用发下供给制的微薄津贴，还可喝上二两烧酒，但喝茶就更难。我想原因是当时奔赴延安的大部分是青年，即便老红军年岁也不大，参加了革命也没有那种闲情逸致去品茶。陕北历史上又是人民生活甚苦的地区，温饱尚不可得，哪有心绪去喝茶，所以延安连买茶的铺子也没有。此处略说王朝闻用酸枣叶焙制茶叶的一件小事：我们那时都在鲁迅艺术文学院美术部工作，我们都住在桥儿后沟西山上。延安是黄土高原，但在山沟边沿常常有野生的酸枣树。这是一种矮矮的灌木。我们常去摘些红色的小酸枣吃。不想王朝闻却另有发现，用酸枣嫩叶烘制成了代用茶叶，后来又加上山间白色小野蔷薇，就变成了"王氏酸枣花茶"，在西山风行了一小阵。延安不能经常吃肉，油水欠缺，也就无心再用茶叶去寡肚，因此并未作为革命文物流传下来。但也可以看出革命战士一点乐观主义精神。

中国茶道是历代相传下来的。1949年之后，茶馆大都没有了，大家都有工作，没有闲工夫去坐茶馆。如果以为中国茶道就此衰败下去那就大错了。我们上至国家领导人会见外国贵宾，茶几上总有绿茶一杯；下至我们每天大小会议不计其数，会议桌上必有暖瓶杯具，很多人从皮包里拿出装食品玻璃瓶改装、用各色各样的尼龙丝编织的杯套包着的茶杯。你喝香片，我饮乌龙，茶风之盛已经从茶馆转入会议室了。老百姓条件改善也常食肉，用茶去消灭油腻自不必说。

今年四月我去四川。某日在成都街上，忽听到十分悦耳的川戏，不是那种简单的茶馆清唱。我走近探头一望，原来茶馆里放着录音机，众茶客品茶，眯眼听着川戏，表情是十分满意的，可称之为茶馆现代化的先进经验。

寻常茶话

汪曾祺

中国人喝茶是一天喝到晚的!

袁鹰编《清风集》约稿。我对茶实在是个外行。茶是喝的,而且喝得很勤,一天换三次叶子。每天起来第一件事,便是坐水,沏茶。但是毫不讲究。对茶叶不挑剔。青茶、绿茶、花茶、红茶、沱茶、乌龙茶,但有便喝。茶叶多是别人送的,喝完了一筒,再开一筒。喝完了碧螺春,第二天就可以喝蟹爪水仙。但是不论什么茶,总得是好一点的。太次的茶叶,便只好留着煮茶叶蛋。《北京人》里的江泰认为喝茶只是"止渴生津利小便",我以为还有一种功能,是:提神。《陶庵梦忆》记闵老子茶,说得神乎其神。我则有点像董日铸,以为"浓、热、满三字尽茶理"。我不喜欢喝太烫的茶,沏茶也不爱满杯。我的家乡论为客人斟茶斟酒："酒要满，茶要浅。"茶斟得太满是对客人不敬，甚至是骂人。于是就只剩下一个字：浓。我喝茶是喝得很酽的。曾在机关开会，有女同志尝了我的一口茶，说是"跟药一样"。因此，写不出关于茶的文章。要写，也只是些平平常常的话。

我读小学五年级那年暑假，我的祖父不知怎么忽然高了兴，要教我读书。"穿堂"的右侧有两间空屋。里间是佛堂，挂了一幅丁云鹏画的佛像，佛的袈裟是朱红的。佛像下，是一尊乌斯藏铜佛。我的祖母每天早晚来烧一炷香。外间本是个贮藏室，房梁上挂着干菜，干的粽叶，靠墙有一坛"臭卤"，面筋、百叶、笋头、苋菜秸都放在里面臭。临窗设一方桌，便是我的书桌。祖父每天早晨来讲《论语》一章，剩下的时间由我自己写大小字各一张。大字写《圭峰碑》，小字写《闲邪公家传》，都是祖父从他的藏帖里拿来给我的。隔日作文一篇，还不是正式的八股，是一种叫作"义"的文体，只是解释《论语》的内容。题目是祖父出的。我共做了多少篇"义"，已经不记得了。只记得有一题是"孟之反不伐义"。

祖父生活俭省，喝茶却颇考究。他是喝龙井的，泡在一个深栗色的扁肚子的宜兴砂壶里，用一个细瓷小杯倒出来喝。他喝茶喝得很酽，一次要放多半壶茶叶。喝得很慢，喝一口，还得回味一下。

他看看我的字、我的"义"，有时会另拿一个杯子，让我喝一杯他的茶。真香。从此我知道龙井好喝，我的喝茶浓酽，跟小时候的熏陶也有点关系。

后来我到了外面，有时喝到龙井茶，会想起我的祖父，想起孟之反。

我的家乡有"喝早茶"的习惯，或者叫作"上茶馆"。上茶馆其实是吃点心，包子、蒸饺、烧麦、千层糕……茶自然是要喝的。在点心未端来之前，先上一碗干丝。我们那里原先没有煮干丝，只有烫干丝。干丝在一个敞口的碗里堆成塔状，临吃，堂倌把装在一个茶杯里的佐料——酱油、醋、麻油浇入。喝热茶、吃干丝，一绝！

抗日战争时期，我在昆明住了七年，几乎天天泡茶馆。"泡茶馆"是西南联大学生特有的说法。本地人叫作"坐茶馆"，"坐"，本有消磨时间的意思，"泡"则更胜一筹。

这是从北京带过去的一个字，"泡"者，长时间地沉溺其中也，与"穷泡""泡蘑菇"的"泡"是同一语源。联大学生在茶馆里往往一泡就是半天。干什么的都有。聊天、看书、写文章。有一位教授在茶馆里读梵文。有一位研究生，可称泡茶馆的冠军。此人姓陆，是一怪人。他曾经徒步旅行了半个中国，读书甚多，而无所著述，不爱说话。他简直是"长"在茶馆里。上午、下午、晚上，要一杯茶，独自坐着看书。他连漱洗用具都放在一家茶馆里，一起来就到茶馆里洗脸刷牙。听说他后来流落在四川，穷困潦倒而死，悲夫！

昆明茶馆里卖的都是青茶，茶叶不分等次，泡在盖碗里。文林街后来开了一家"摩登"茶馆，用玻璃杯卖绿茶、红茶——滇红、滇绿。滇绿色如生青豆，滇红色似"中国红"葡萄酒，茶味都很厚。滇红尤其经泡，三开之后，还有茶色。我觉得滇红比祁（门）红、英（德）红都好，这也许是我的偏见。当然比斯里兰卡的"利普顿"要差一些——有人喝不来"利普顿"，说是味道很怪。人之好恶，不能勉强。我在昆明喝过烤茶。把茶叶放在粗陶的烤茶罐里，放在炭火上烤得半焦，倾入滚水，茶香扑人。几年前在大理街头看到有烤茶罐卖，犹豫一下，没有买。买了，放在煤气灶上烤，也不会有那样的味道。

1946年冬，开明书店在绿杨邨请客。饭后，我们到巴金先生家喝工夫茶。几个人围着浅黄色的老式圆桌，看陈蕴珍（萧珊）"表演"：濯器、炽炭、注水、淋壶、筛茶。每人喝了三小杯。我第一次喝工夫茶，印象深刻。这茶太酽了，只能喝三小杯。在座的除巴先生夫妇，有靳以、黄裳。一转眼，四十三年了。靳以、萧珊都不在了。巴老衰病，大概没有喝一次工夫茶的兴致了。那套紫砂茶具大概也不在了。

我在杭州喝过一杯好茶。

1947年春，我和几个在一个中学教书的同事到杭州去玩。除了"西湖景"，使我难忘的有两样方物：一是醋鱼带把。所谓"带把"，是把活草鱼的脊肉剔下来，快刀切为薄片，其薄如纸，浇上好秋油，生吃。鱼肉发甜，鲜脆无比。我想这就是中国古代的"切脍"。一是在虎跑喝的一杯龙井。真正的狮峰龙井雨前新芽，每蕾皆一旗一枪，泡在玻璃杯里，茶叶皆直立不倒，载浮载沉，茶色颇淡，但入口香浓，直透脏腑，真是好茶！只是太贵了。一杯茶，一块大洋，比吃一顿饭还贵。狮峰茶名不虚传，但不得虎跑水不可能有这样的味道。我自此方知道，喝茶，水是至关重要的。

我喝过的好水有昆明的黑龙潭泉水。骑马到黑龙潭，疾驰之后，下马到茶馆里喝一杯泉水泡的茶，真是过瘾。泉就在茶馆檐外地面，一个正方的小池子，看得见泉水咕嘟咕嘟往上冒。井冈山的水也很好，水清而滑。有的水是"滑"的，"温泉水滑洗凝脂"并非虚语。井冈山水洗被单，越洗越白；以泡"狗古脑"茶，色味俱发，不知道水里含了什么物质。天下第一泉、第二泉的水，我没有喝出什么道理。济南号称泉城，但泉水只能供观赏，以泡茶，不觉得有什么特点。

有些地方的水真不好，比如盐城。盐城真是"盐城"，水是咸的。中产以上人家都吃"天落水"。下雨天，在天井上方张了布幕，以接雨水，存在缸里，备烹茶用。最不好吃的水是菏泽，菏泽牡丹甲天下，因为菏泽土中含碱，牡丹喜碱性土。我们到菏泽看牡丹，牡丹极好，但茶没法喝。不论是青茶、绿茶，沏出来一会儿就变成红茶了，颜色深如酱油，入口咸涩。由菏泽往梁山，住进招待所后，第一件事便是赶紧用不带碱味的甜水沏一杯茶。

老北京早起都要喝茶，得把茶喝"通"了，这一天才舒服。无论贫富，皆如此。1948年我在午门历史博物馆工作，馆里有几位看守员，岁数都很大了。他们上班后，都是先把带来的窝头片在炉盘上烤上，然后轮流用水舀坐水沏茶。茶喝足了，才到午门城楼的展览室里去坐着。他们喝的都是花茶。北京人爱喝花茶，以为只有花茶才算是茶（北京很多人把茉莉花叫作"茶叶花"）。我不太喜欢花茶，但好的花茶例外。比如老舍先生家的花茶。

老舍先生一天离不开茶。他到莫斯科开会，苏联人知道中国人爱喝茶，倒是特意给他预备了一个热水壶。可是，他刚沏了一杯茶，还没喝几口，一转脸，服务员就给倒了。老舍先生很愤慨地说："他妈的！他不知道中国人喝茶是一天喝到晚的！"一天喝茶喝到晚，也许只有中国人如此。外国人喝茶都是论"顿"的，难怪那位服务员看到多半杯茶放在那里，以为老先生已经喝完了，不要了。

龚定庵以为碧螺春天下第一。我曾在苏州东山的"雕花楼"喝过一次新采的碧螺春。"雕花楼"原是一个华侨富商的住宅，楼是进口的硬木造的，到处都雕了花，八仙庆寿、福禄寿三星、龙、凤、牡丹……真是集恶俗之大成。但碧螺春真是好。不过茶是泡在大碗里的，我觉得这有点煞风景。后来问陆文夫，文夫说碧螺春就是讲究用大碗喝的。茶极细，器极粗，亦怪！

我还在湖南桃源喝过一次擂茶。茶叶、老姜、芝麻、米，加盐放在一个擂钵里，用硬木的擂棒"擂"成细末，用开水冲开，便是擂茶。

茶可入馔，制为食品。杭州有龙井虾仁，想不恶。裘盛戎曾用龙井茶包饺子，可谓别出心裁。日本有茶粥。《俳人的食物》说俳人小聚，食物极简单，但"唯茶粥一品，万不可少"。茶粥是啥样的呢？我曾用粗茶叶煎汁，加大米熬粥，自以为这便是"茶粥"了。有一阵子，我每天早起喝我所发明的茶粥，自以为很好喝。四川的樟茶鸭子乃以柏树枝、樟树叶及茶叶为熏料，吃起来有茶香而无茶味。曾吃过一块龙井茶心的巧克力，这简直是恶作剧！用上海人的话说：巧克力与龙井茶实在完全"弗搭界"。

御茶之雨

苏予

> 那满口的甘香，是茶乡人享受自己特制
> "御用"的茶叶时，心中溢满的欢愉与自豪。

越过分水关，算是从福建跨入江西省界了，我们还没有离开绵亘闽赣边界的武夷山。人说不到武夷，不知闽中山水之秀，景观之奇。我在武夷山中，却领略了别有一番景象的雨中佳胜。

夜宿九曲溪畔的武夷精舍旧址，这里原是宋代大儒、著名哲学家朱熹的武夷别业，是他讲学的书院。这个集理学之大成，因力主抗金不容于南宋当政的韩侂胄一派的学者，在宋孝宗淳熙十年（1183）辞官后，寓居建阳，在武夷山九曲溪畔第五曲的隐屏峰下，营建了这所山中学馆。他在《武夷精舍咏诗序》里夸赞说："四方士友，来者亦甚众，莫不叹其佳胜。"朱熹在武夷精舍著述讲学十年，这里确实成了一方胜地。但这座有八百年历史的古老书院，虽经历代保护修葺，成为武夷名胜，终不能免于"文化大革命"一场浩劫，在"评法批儒"运动中被毁弃拆平了。拆毁时间是公元1973年，距它的修建正好七百九十年。我们在这里只见到院中一块"武夷精舍旧址"的石碑。

进山第一夜，整宿听到溪水和松涛哗哗作响。此后连日阴雨，夜雨伴着水声，滴到天明。

为登武夷而来，天不放晴，我们也携着雨伞、草笠上山了。

著名的武夷山风景区，在武夷山脉西部断层和东面的崇溪夹峙间，方圆120华里，是一片兼有黄山怪石云海之奇和桂林山水之秀的山林。它的36峰、99崖和盘旋蜿蜒、九曲十八弯的溪水，山水相环。高峰峭崖间，一道道山泉、流瀑注入九曲溪中，山有多高，水有多高。你可以乘竹筏，沿九曲溪放筏直下，观赏白云绿树间山环水复的武夷山水画廊。满山茶树和青松绿竹，映着幽崖深谷中曲曲弯弯的一泓碧水，那水中山影，山间茶香，一直伴着你弃筏登岸，攀上一座座险峭奇幻的山峰。但见雨雾迷蒙中，峰岭森列，幽径生凉，随处都是清泉、石洞、山花点缀在一片浓绿之中。时当六月，杜鹃花事已过，山里正开着洁白的栀子花。

山中四日，我们乘竹筏从九曲下四曲，在水中看山，又攀登隐屏峰、鹰嘴崖，远眺百里群峰中九曲回环的溪水。游罢水帘洞、流香洞，再到武夷宫看新起的幔亭山房，无处不使人流连。我最难忘的，却是天游峰下茶洞那一场山雨。

武夷茶是知名于世的。早在宋代，苏东坡的《荔枝叹》诗里就有"武夷溪边粟粒芽，前丁后蔡相宠嘉"的诗句，说的是文人学士丁谓、蔡襄对武夷茶的嘉赏。到了元朝，为焙制进贡的武夷名茶"龙团""石乳"，在武夷山专设"焙局"，这就是元大德六年（1302）建在四曲卧龙潭溪水南岸的"御茶园"。直到明代，两百多年间，贡茶由年进数十斤增加到数百斤，一年焙制"龙团"数千饼。皇家和官府苛索重敛，茶农不堪其苦，毁弃茶树，逃亡他乡。到明嘉靖年间，这"御茶园"已荒废了。清代著名诗人朱彝尊、查慎行在武夷山唱和写的《御茶园歌》："缄题岁额五千饼，鸡狗窜尽山边村""先春一闻省帖下，樵丁荛竖纷逋逃"，就描写了征贡"御茶"给人民带来的灾难。诗人哀悯茶农，发出了"茶兮尔何知，乃以尔故灾黎元"的嗟叹。我们乘竹筏过四曲，还看到溪边的"御茶园"遗址。先前"焙局"盛时的殿、堂、亭、台早已荡然无存，只余下依山傍水的一片平地，新植的丛丛茶树，又茂密青葱地生长起来了。

这"御茶园"已是历史遗迹。武夷茶事，却在王朝覆灭、河山易主，茶山、茶树回到人民手中以后更加兴盛发展起来。如今，茶丛、茶园遍布武夷山的峰峰岭岭。有了经济责任制，茶树载培得很好，采制也更加工细、考究了。著名的武夷岩茶，除了旧有的奇种、名丛，又引进不少良种，已经有"大红袍""白瑞香""素心兰""铁观音""水仙""奇兰"好几十个优质品种。被称为茶中极品的"铁观音"乌龙茶，在海外尤负盛名。昔年专供皇家享用的"御茶"，你在武夷山的每个风景点、每个茶亭、客舍和山间僻静的茶农家里，都可以品尝到。这几年调整、落实了农村经济政策，武夷山区各县、乡生产队部有自己的茶场、供销点。现在要买福建的武夷岩茶、福州花茶和著名的闽红、乌龙茶都不费难，也没有什么票证限制了。

我们从天游峰下山，去寻访峰崖深锁、青天一罅的石窟"茶洞"那天，过午雨还不歇，虽是盛夏六月，细雨如丝，山风吹得满身透凉。我们从天游峰后松竹荫蔽的天游岭磴道下来，一面走，一面叹赏只有从山后才能得见的宽到数百丈、壁立如斧削的天游峰巨崖全景。

行到半山，雨大了，再折回峰顶到一览亭躲雨已经不行，就索性擎着雨伞往下走。我们原是要穿过山脚的"云窝"往"茶洞"去的，但这时已顾不上奔向目的地，都被眼前壮观的雨景震慑住，伫脚不前了。

好大的雨！那壁立万仞、仰面不能见顶的宽阔巨崖上，几十道奔涌的山水，像半空悬下的一匹匹白练，形成飞流直泻的巨瀑，吼声如雷鸣，盖过了风声、雨声和山脚下汹汹涨起的哗哗溪水声。

山径迷茫，绿苔湿滑，不远处的"云窝"已被云雾遮严了。我们一步步下山，到溪边六曲竹筏渡口的武夷山茶叶研究所近旁，暴涨的溪水已把渡头淹没，众筏工都在茶园的小楼下歇着。看见我们浑身透湿从山上下来，众人热情地招呼我们到廊下避雨，还把竹筏上的大竹椅搬过来让我们落座稍歇。不一会儿，一个老筏工把手里的白色搪瓷杯递到我手里，笑嘻嘻地用闽北话指点着滚烫的茶水。同行的小李看我那茫然的样子，赶忙过来说："他请你喝他的茶，他说这茶叶好，自家焙的，你尝尝，不但有新茶的清香，喝过以后一丝一丝回甜。"我尝了一口，又一口。我在品味、点头。筏工们都望着我，也在品味、点头，然后一起满意地哄笑起来。我忽然觉得，我喝的不是浓酽的武夷岩茶，那满口的甘香，是茶乡人享受自己特制"御用"的茶叶时，心中溢满的欢愉与自豪。多好的，属于人民的"御茶"啊。

可爱的山雨，你年复一年，给武夷山的茶树以浸润滋养，给茶农带来希望。而今，茶农真正成了茶树的主人。农村经济政策放宽以后，茶乡人种茶，也播种自己的希望和福祉。武夷山的茶农、伐木工、放排人、竹筏工……

他们不仅把著名的武夷岩茶"铁观音""水仙""奇种"……
源源运出山外，他们也精选、精制，留下佳茗自己品尝。

　　御茶之雨啊！下吧，下吧！把这茶的甘香和人的欢笑
都倾注到曲曲弯弯的九曲溪水和数不尽的山泉、流瀑，
数不清的山里人家去吧！

茶和我的关系

杜宣

喝后，苦后回甘，暑气顿消。

　　我的故乡是江西九江。江西是我国主要产茶区。江西茶叶过去都由九江出口，白居易的《琵琶行》中有"前月浮梁买茶去"之句。幼年曾听母亲说：从前有很多外国洋行设在九江，专收茶叶的。她幼年时，因外祖父一度失业，曾在一家俄国人开的茶栈当过挑拣茶叶的童工。

　　我家有饮茶习惯。每天清早首先就是烧开水冲茶。一个是大锡壶。外面用棉花包起放在一个木桶中，木桶留一小缺口，壶嘴正好从缺口中伸出，因此倒茶时只要将木桶稍微倾斜一下，即可倒出，这种壶我们家里人称它为"包壶"。另一个壶是瓷壶，比起锡壶来就小得多了。它放在一个藤皮的盛器中，倒茶时，必须把盖掀开，拎起瓷壶来倒,这种壶我们叫作"藤壶"。"包壶"是放在大厅旁边,"藤壶"是放在父亲书房,平时除家中人饮用外,一般客人来也是从这里倒茶。

家里住客或有什么喜庆的时候,对客人一律用盖碗,每个盖碗中放茶叶,客人来了当面冲。"包壶"中的茶,则只倒给轿夫、当差的喝。

因为九江正在庐山脚下,我家的人都爱喝庐山的云雾茶。但当时庐山还没有茶园,云雾茶只是野生的,产量少,价格十分昂贵。所以平时冲在壶中的,只是香片,只有特殊情况时才泡云雾茶。

我虽然从小养成喝茶习惯,但对茶叶不讲究。后来参加革命,天南地北,随遇而安。在湖南、广西时喝湖南的烟薰茶,到四川、云南时喝沱茶,到广州、香港时喝红茶,到华北、东北时喝花茶……

这些年,生活稳定了,我喝的是云雾茶,因为庐山开辟了很多茶园,茶叶产量大大增加了,所以云雾茶价格并不十分昂贵。我爱喝云雾茶有很多原因:一、它是高山茶没有污染,二、它经泡,每天早上冲一杯可以喝到晚上。除此之外，还有一个更主要的原因：它是故乡的茶叶，往往从它飘上的一些水雾中，要引起不少乡思。

我平时均喝茶，口渴时更以茶解渴。我不爱喝什么可口可乐或什么汽水。天热时，我更喜欢喝一杯热茶。喝后，苦后回甘，暑气顿消。

六十年代初，我在亚非作家会议常设局工作，常驻斯里兰卡。这里是世界上有名的茶叶出口国，全国遍布茶园。但它出产的只是红茶。饮用时就像咖啡一样，加放牛奶和砂糖。但这只能是早餐时或下午茶时饮用，不像我们作为全日或止渴饮料。

我国是绿茶最大出口国，北非是最大的买主。有次我出访摩洛哥，一位庄园主邀请我去他庄园喝茶。他的客厅中放一个炭炉，炉上煮了一壶水，主人坐在炉边，他的左边有一张四方的矮几，我们坐在矮几旁，矮几上放了一把银壶，一个糖罐，一个长方形的银碟子，上面放着新鲜薄荷叶子，再就是玻璃杯。炉上水沸后，他就在玻璃杯中放了半杯茶叶，我看差不多有一两茶叶，再加大量白糖，将沸水注入，搅拌后，就将薄荷叶拧汁入杯中，然后将杯子捧给我们饮用。其味芳甘清凉。

我们喝了茶后，庄园主人问我们是否也是这样喝茶。我将我们日常喝茶习惯告诉了他，并说像他这样喝法，我们一般人喝不起的。他点点头，接着说摩洛哥人喜爱吃羊肉，饭后就要喝一杯薄荷茶，这样可解油腻。当然价格是昂贵的，一般人无法这样做。摩洛哥人极爱喝中国绿茶，不少人为此倾家荡产。

主人对于我们欣赏他的茶，十分欣慰。他说，据他考证从十五世纪开始，中国就向摩洛哥出口茶叶。当时中国茶商在每箱茶叶中，都要放一两样瓷器，如瓷壶、瓷杯、瓷盘之类。直到现在，摩洛哥的世家均以陈设中国古代瓷器，来表示他祖先的光荣。

太行山油灯下饮茶记

李庄

> 这种"会餐",互相补益知识,鼓励热
> 爱生活,为美好前途奋斗。

抗日战争期间,《在太行山上》一阕名歌,道尽太行万千好处,我时时都想吟诵的。但太行也有一个天生弱点:缺水,太缺水,缺到没有到过太行的人难以想象的程度。

我在太行深处住过几个山村,那里没有山泉,没有河流,没有水井,村民都吃旱井储存的雨水。那真是一种奇妙的创造:在山石间选块黄土斜坡,挖个几十米的深井,口小肚阔,像个坛子。内壁用胶泥涂匀,防止渗漏。下雨天打开井口,注满雨水,用石板、胶泥封紧,不使蒸发。一个山村挖十多口旱井,编了号,按照乡规限量取水，真能做到涓滴必争。

部队、机关住在村里，绝对不许同村民争用旱井中水，都是自行到有山泉处汲运。水少人多，只能配给。早晨，炊事员分水，一人一碗。刷牙洗脸，自行调剂。这样不大不小的困难终于度过了，人的生存能力实在是大。

1943年秋天，我们从左权县一个山村向涉县的桃城村转移。九十华里，背着背包，未到目的地已筋疲力竭了。前队有人突然喊："水，水，大家注意，水！"长途行军，需要鼓励，这水比曹操发现的梅子管用得多，鼓励，提神，于是背包轻了，腿也硬了。潺潺流水，粼粼波光，木构小桥，青白踏石，直把人带进神话世界。太行山还有这种地方！难道到了江南水乡？不是江南，胜似江南。那鲜红的柿子，压弯枝丫，常常碰到行人的头。那碧绿的核桃（核桃未成熟前，果实硬壳外还包有厚厚的绿皮，成熟后绿皮脱落），发出阵阵清香，江南有么？

渠水是从清漳河截了来的。从此我们便在清漳河边住下来。

这大概是太行山最不缺水的地方。灌溉田亩，饮育人畜，还供人沐浴洗衣。后者也不是小事，特别对我们这些穿军衣还不很久的"学生仔"。诗人高咏写过组诗《清漳儿女》，很受人喜爱。我不大读新诗，对他的大作却常常看看。记得有一首诗写村姑在河边浣衣的，其中有句："微风抚摩她挽起的秀发，淡然一笑，红手儿又泡进绿水里。"有人说这诗（有）"小资产"（阶级情调），我却没有看得出来。高咏当时二十多岁，中等身材，江南人秀丽的面孔，戴一副金丝眼镜，举止儒雅，这在当时很招人注目。他以国新社记者在太行敌后工作，写过不少歌颂太行军民的诗歌、通讯。不幸同许多烈士一样，在反"扫荡"战争中牺牲了。因当时战斗紧张、环境动荡，追悼会也来不及开，估计作品也散失了。谨利用这个机会，写几句话，怀念这位青年诗人。

太行山，人们的印象是山高谷深，巍峨险峻。清漳河边可不同，风光不同，景物不同，以至村名都不同。我们驻村叫桃城，周围十多里内，温村、长乐、赤岸（一二九师刘、邓司令部驻地）、弹音（晋冀鲁豫边区政府驻地）、悬钟……都十分好听。我请教村中长者，这些村名是何人何时起的？都不记得，只说老辈子就这么叫。这也是一种文化，比我在太行深处住过的一些村庄的大名：狼卧沟、刀把嘴、胡家疙垯、大小羊角好听多了。

说这些题外话，其实都是为袁鹰兄出的一个题目做铺垫：没有清漳河的水，就没有我们当时那种大概是前无古人后无来者的"茶文化"。

自从上了太行山，就同茶绝缘了。买不起，也买不到。不需要它帮助消化，不需要它辅助营养——这两个问题，每天吃的那些野菜都解决了。因此，慢慢也就忘了茶。

但是出现了奇迹。漳河水渠边，生产一种野薄荷，一年生草木植物，两尺多高，叶子狭长，有薄荷的淡淡清香。晒干，揉碎，装在旱烟斗里，虽然比不上正牌烟叶，但比公认的优等代用品桑叶要好。吸到嘴里，凉凉的，有点辣，略带苦头，但无邪味，且不"要火"（有的烟叶常常在烟斗中自行熄灭，需重新点燃，当地乡民谓之"要火"）。这宝贝还有一个大优点：生命力很强，在渠边自生，任君采摘，不发生违反群众纪律的问题。说不清是谁有了更重要的发现，它不仅能代烟，而且能代茶，甚至可以就是一种茶叶。取几片新鲜叶子,在渠水中洗净,用滚水泡开,立刻出现一碗淡绿茶汤。叶子舒展展的,躺在饭碗里。这碗口阔平,从不委曲它们那硕长的身子。茶叶微苦,但不涩;有些凉,但不刺人;还有些甜,不知来自清漳河水,还是茶叶本身。这哪是代用品,简直是正儿八经的茶叶。

从此,我们的"精神会餐"更丰富了。

"精神会餐"是我们重要的或唯一的业余享受。工作完了,睡眠之前,夏夜在打麦场上,冬夜围着泥堆的火炉,谈论今古。内容不出各人家乡的美食、特产、名膳、文物以及各人有过的好朋友、意中人,总之是令人神往的事物。这种"会餐",互相补益知识,鼓励热爱生活,为美好前途奋斗。在紧张的、艰苦的、又深具信心的集体生活中,不失为一件好事。

由此想到几年前看过的一些描写战争生活的影片。在纵横交错的壕堑中,突然出现一棵小花或一只小鸟,受到战士的怜惜、爱抚、保护,引起许多思念、憧憬、追求,作出无畏、豪迈、悲壮的文章。这大抵是外国影片的创造，我们移植过来的。但我总觉得不大真实。我未同敌人打过"交手仗"，但跟着战士爬过战壕。那是生死搏斗的地方，枪弹随时可能飞过来，机枪随时可能扫过来，哇哇怪叫的敌人随时可能冲过来。这时士兵要做的两件事，一是加固工事，二是抓紧时间休息，准备下一轮的厮杀，谁有那种闲情逸致！

但人总有七情六欲。部队休整期间，就像我们在不是反"扫荡"的"和平"时候，来一点"精神会餐"，谈过去值得思念的事物，谈胜利以后的美妙安排。这是一种心态，一种享受，一种精神力量。我们顺利渡过艰难岁月，它也有一份功劳。

非常可惜，在我们的"精神会餐"中，茶总找不到自己的位置。过春节，大抵能够吃到一次猪肉羊肉，但不能喝到一碗什么茶。茶在我们记忆中消失了，实在对不起它。

冬季品茶，兴味最浓。夏天，公务员半桶开水，从伙房走到我们办公室，热气渐渐散失，用它泡薄荷茶，叶子舒展不开。那水桶是煤油桶改制的，打水、盛菜通用，

水的杂味盖住茶的香味，只能解渴用。冬季不同，一个
两尺多高的泥堆火炉蹲在房子中央，大大的搪瓷缸放在
火上，冒出阵阵热气，发出唑唑的响声。灯是有了缺口
的饭碗，贮半碗核桃油，旧棉絮做的灯芯从缺口探出头来。
"一灯如豆"是文人笔法，我们这灯的光焰总有枣儿大，
照在农舍的泥墙上，深沉，幽邃，比现今那浅薄的电灯
满室、一目了然的华屋古雅得多。大家围着火炉坐下，
用滚开的水把薄荷泡得展展的，颜色看不清楚，香味却
十分浓郁，品茶是享受，解渴也是享受，这时我们终于
可以前者为主、后者为辅了。

　　太行山冬夜很长，我们的"精神会餐"，成日无题
目谈论，范围也拉得很广。大家都搞文字工作，大体也
不出这个范围。二十多岁年纪，读书本来不多，手头书
籍更少，这种议论因而常常变成记忆力的竞赛。

　　由于一场争论，帮我记下了一首戏作。我喜爱古典
诗词，不很懂，偶尔也读几句，看看无大意思，不想保
存下来。这首《忆江南》中有句："梦里依稀传心话，
醒来口角有余香"，是思念一个人的。前一句，亦"借"

亦"偷"，记不起原主谁人，七嘴八舌地争论起来。太行山祝捷、过节，有时也有点酒，柿子、枣儿做的，性子很烈。也划拳，只是谁赢拳谁喝酒，因为酒少人多。这时当然无酒，我们以茶当酒，想起原主者奖一杯。无据，无佐证，谁知是谁想对了？大家争胜，只好各饮一杯。

　　第二句出自我手。不需引书据典，随口就可评判。有人说不错，有人说不佳，特别是那个"有"字。于是争相"补白"，有人说应该用"留"，有人说不如用"泛"，有人说最好用"染"，连你的那个人也进去了。最后问我本人"高见"。文章当然是自己的好，我说还是不如那个"有"字。"不行，不行，太不谦虚，停饮一杯！"一个提议，众人响应，打油已毕，举碗同饮。莘莘青年，在我们党领导的根据地中，真不知道人间有忧愁事。

饮茶粤海（外一题）

李国文

> 有的地区，茶属于有也可、无也可的东西，独五岭以南，不进茶楼，不喝早茶，那一天恐怕就不甚开心了。

这次到海南去，竟有了一次奇特的饮茶体验。

毛主席诗云，"饮茶粤海未能忘"，只不过是一次与朋友交游的记忆。但他把"饮茶"与"粤海"联在一起，却实在是很有道理的。至少，在汉族居住区内，若论饮茶，大概要数岭南人最当回事，最正经八百的了。"柴米油盐酱醋茶"，这开门七件事中，有的地区，茶属于有也可、无也可的东西，独五岭以南，不进茶楼，不喝早茶，那一天恐怕就不甚开心了。

尤其，潮汕一带的工夫茶，更是深入人心。若论茶道，我们这茶的祖国，稍可与一衣带水的邻邦比美的，也就是得靠潮汕人争回一点面子了。所以，饮茶必粤海，到岭南不饮茶，则有虚此行了。

那次在三亚，一行人喝了早茶以后，去逛天涯海角。是日，晴空万里，烈日当头，也许是一种心理作用吧，好像在那无遮无盖的海滩上，有离太阳更近一点的感觉。说来也许有点夸大其辞，那炙热的阳光，照在身上，真似针扎一般。在北方，即使"赤日炎炎似火烧"的三伏天，也不会产生这种很强烈、很亲切的甚至有点受不了的感受的。这让我们感受到了太阳的威力。那种阳光，是不可阻挡的，似乎能穿透皮肤，直射五脏六腑。

三亚，大概可称得上是阳光之城。

于是，一个个口干舌燥，焦渴难当。而渴比饿，要更难忍。虽然有芒果、木瓜、菠萝蜜之类的热带水果，奈何糖分太高，可顶饥而不甚解渴，加之价值不菲，小贩敲起外地人竹杠，也颇不留情。这样，回来的途中，遂有了一次在海南喝到了宁夏盖碗茶的经历。

饮茶粤海，却喝的是西北风味的茶，也算一趣了。

一个人，真正的渴起来，如果是那种从心灵上感觉到的渴，决不是什么矿泉水、可乐、雪碧之类，能够解除的。这类饮料，润润嗓子犹可，但要止渴消燥，祛火静心，老实说，一个中国人，一个不那么西化、不那么新潮的中国人，唯有喝茶，唯有喝地道的茶，唯有喝滚烫滚烫的茶，方能吐暑热闷郁之气，得身心舒畅之快。

鲁迅先生讽刺过："有好茶喝，会喝好茶，是一种'清福'。不过要享受这'清福'，首先就须有工夫，其次是练习出来的特别的感觉。"这种喝茶人，我想我大概算得上是一个，有什么法子呢？生平无他好，唯嗜一盏茶。虽然鲁迅先生的文字中，微有贬意，但我确实如此，何必规避呢？尤其这阳光，这暑热，自然非常非常地想喝茶了。那天能喝上地道的盖碗茶，而且由喝茶又悟到了一些什么，还真得感谢张承志呢！他因事未去天涯海角，便约好了钟点，在途中的一个路口等我们。我们享受了大海和阳光以后，在回程的路上，发现他果然在那里喝茶"恭候"着。

"好茶！"像是在沙漠里发现了一块绿洲。

这个路边的苇席棚里的小饭摊，是一对回民小两口经营着，他们是从千里之外的宁夏，到海南来谋生的。还带着西北人的拙直，言语朴讷，连顾客上门的一声该有招呼也不打，但端上来的盖碗茶，却是透出十分的亲切，因为一下子把干渴的沙漠和炽热的海洋拉近了。揭开碗盖，不是乌龙，不是菊普，当然更不是雨前毛尖、龙井云雾，而是古老的盖碗茶。那浮着的红枣、枸杞，那沉在碗底的桂圆、冰糖，那忽上忽下的茶叶，那渐渐成为琥珀色的茶水，那醉人的甜香，和那粗茶才有的野味，还未品尝，暑意便先消去一半。然后，水沾唇边，那舒适，那滋润，那流向心头的温馨之感，不但解渴生津，补气提神，而且顿觉天高海阔，心情舒畅。那干渴得七窍冒烟的火气，早飞到爪哇国去了。

过去，那些西出阳关的人，千里商旅，寂寞行程，守着篝火残烬，看一弯眉月，挂在戈壁夜空，喝一碗这样滚烫的茶，乡思化为清梦，于驼铃中悄然入睡，不也是旅之乐乎？现在，天高云淡，海天一色，与承志、陈村、马原、甘露几位同行，还有《羊城晚报》《新民晚报》

两位老记，加上海南的东道主，天南海北，谈笑风生。正如清人廖燕在《半福亭试茗记》所写"客之来，勇于谈，谈渴则宜茗……汲新泉一瓶，篝动炉红，听松涛飕飕，不觉两腋习习风生，举瓷徐啜，味入襟解，神魂俱韵"的舒适一样；又如清人郑板桥在《家书》所写"坐小阁上，烹龙凤茶……人间仙境"的怡悦一样，不也饮茶得趣，而兴味盎然吗？

　　说实话，我在喝茶习惯上趋向于保守，不大爱喝放进各种辅料的茶。既然饮的是茶，就应该品味茶的本身，而不是其他。但那天，我真被张承志推荐的这盖碗茶征服了。其实，读明人小品，如陈继儒《媚幽阁文娱》，其中谈到宋人喝茶，不但放进这样或那样东西，而且放在小炭火炉上炖煮。他说："新泉活火，老坡窥见此中三昧，然云出磨则屑饼作团矣。黄鲁直去荸用盐，去橘用姜，转于点茶，全无交涉。"苏东坡的"贵从活火煮新泉"，还要煮到"蟹眼已过鱼眼来"的沸腾程度。如今中原人都是冲茶、沏茶、泡茶，哪有煮茶这一说呢？但边疆少数民族，例如蒙古族的奶茶，藏族的酥油茶，还保留着这种喝茶的古风。有人去过北非，像摩洛哥，也是煮茶，还要放进薄荷叶什么的。所以，延续了古人喝茶余风的，严格地说，是数不上我们这些中原人的。因此，眼前这盖碗茶里的香甜之物，要是寻起根来的话，说不定倒是继承了宋人黄庭坚的"去莒用盐，去橘用姜"的做法。那么宁夏回族的盖碗茶，也许更古色古香，更老牌子呢！

当然，古老的饮茶方法，未必是尽善尽美的，再如日本的茶道，如潮汕的工夫茶，还有一点繁文缛节之弊。但好像大家都觉得有它不多，无伤大雅，并没有人弃之若敝屣的。同样，时尚的，新潮的，刚出炉的，甚至只是尝试尝试的，或者索性标新立异的，如袋泡茶，如即溶茶，如易拉罐茶，如健身、强壮、减肥茶，也似乎从来没有人以自己的口味去急忙否定。

于是，忽然想到，饮茶的天地，其实是相当宽泛，相当宽容，甚至是相当宽宏的。饮茶的人，那心胸，就像眼前这广阔无垠的南海一样，半点也不狭隘，更不具有丝毫的排他性。你喝你喜欢喝的茶，我喝我喜欢喝的茶，从来不见一个人会武断到这种程度，只许喝我喜欢的茶，否则，就视为异端邪说。也没见过一个蠢人，只认为自己冲茶泡茶的方法为正宗嫡传，真王麻子，而别人都是冒牌货，假王麻子。也从来没听说举行过喝茶比赛，谁是饮茶冠军，谁是喝得最多的饮驴，而上了吉尼斯世界纪录。其实，文学又何尝不如此呢？搞得再花哨，再新潮，搞得哪怕和外国人一模一样，又如何呢？到头来，还是老祖宗留给我们的这副脾胃，只能克化属于这块文化土壤上生长出来的一切。开开洋荤可以，浅尝辄止可以，顿顿如此，天天如此，那脾胃肯定要抗议的。所以，喝茶求其平和而又平淡，这大概就是明人文震亨在《香茗》里所说的"第烹煮得法，必贞夫韵士，乃能究心耳"的茶品了。

也许，茶，这种地道中国的饮品，还具备其他各种饮料所没有的洗濯心灵的作用吧？所以，喝茶的世界，是最融洽、最和衷共济的了。因此，我想，在文学这个范畴里，或者，推而广之，在一切学术文字领域里，不是怒张其目，暴突其睛，粗涨其颈，喷吼其声，而是心平气和地探讨学问，追求真理，岂不是不亦乐乎的事吗？

这就是才不久"饮茶粤海未能忘"的一点体味了。

龙井的井，到底多大？

这些所作所为的背面，实际是对自己严
重缺乏自信的表现。

不久前，读到叶楠兄的一篇谈他家乡名茶"信阳毛尖"
的短文，对于冒牌货之泛滥成灾，结果砸了真正名牌产
品的声誉，颇为愤慨。作为一个嗜茶好饮的同道，也常
常被这类产品弄得很恼火的。读后，感叹之余，不禁想
起了这个出产杭州龙井茶的龙井，到底有多大的问题。

现在，不仅杭州出产龙井，整个浙江都在出产龙井了。

有一年春天，和叶楠兄同赴杭州。到了西湖，又是
细雨微风，新茶上市的春天，临走时，怎能不托人买点
龙井茶呢？结果拿来一看，瞠目结舌，龙井二字，自然

是不会有错的了。但茶厂的地址，对不起，却是远在数百里外的宁波。于是，不胜感慨，这龙井的井，涵盖面也太大了。

当然，谁也不会相信，是从杭州把炒好的龙井茶，运到宁波去包装的。肯定是在当地采撷的茶叶，姑且我们相信是按照龙井茶的传统制作方式生产，然后，装盒装袋当龙井茶来卖的。不过，即使请了杭州的茶叶师傅来传艺，宁波的所谓龙井，和杭州的龙井，还是有着本质上的差别的。师傅的操作，固然影响茶叶的质量，但最根本的，茶叶的好坏，很大程度上决定于内在质量。受到产地的土壤状态，水质条件，栽培方法，采摘时间，以及日照、云雾、湿润、微量元素等等因素的制约，一方水土，出一方茶叶，所以，龙井茶的饮誉千年，是和龙井这个地方分不开的。

明人田艺蘅《煮泉小品》中说道："今武林诸泉，惟龙泓入品，而茶亦惟龙泓山为最……又其上为老龙泓，寒碧倍之。其地产茶，为南北山绝品。"可见古人也已经明白，所谓龙井茶，也只有狮峰、龙井、梅家坞这几处出产的，才是最地道、最土色的龙井茶。

当然，这样的真正龙井，其上品，是不大容易买到的了。因此，很多标明龙井的龙井茶，很大部分并不是龙井生产的，而且说不定来自甚至比宁波还要远的地方，也未可知。看来龙井之大，简直无边无涯了。

于是，就不胜其惶惑了。

不过，给我们拿来的宁波龙井，至少还买到了半份诚实。因为沏出来喝了，若是觉得好呢，知道是宁波龙井；若是很扫兴的话，也不会怪罪杭州龙井。因此，茶为饮中君子，那么，这样的种茶卖茶人，也算是半个君子了。

我在想，包括那些连半个君子也不想当的人，为什么偏要打了龙井的牌号出售呢？说到底，是出于促销的考虑，有了龙井二字，就用不着做广告了。而且既是龙井，定价自然也随着杭州龙井的价码，水涨船高，得到经济上的实惠。但是，若从心理层次探究的话，这些所作所为的背面，实际是对自己严重缺乏自信的表现。

岂止是卖冒牌茶叶的人呢！在生活中，这种类似行为，例如倚托于名人，借重于洋人，仰仗于要人，赖靠于死人的推销自己的现象，也是屡见不鲜的。

譬如，有的人上了剑桥名人录了，有的人得了外国什么金牌了、金奖了。其实剑桥和剑桥大学，根本不是一码事，剑桥不过是伦敦的郊区，尤如顺义之于北京一样。而那些金牌、金奖，和《围城》里三间大学的外国博士学位一样，凡掏钱者，无有不得者。有的人出来一本书，国人写的，分明黄皮肤，黑头发，非要冒充金发碧眼的日尔曼人。以为署上老外的名，可以大唬中国人。有的人从国外趸来一些二手货，便像假洋鬼子乱舞文明棍，信口雌黄，什么都不在眼下了。其实，拆穿了，不过是那些进口旧西服之类的货色，不但来路不明，还说不定有艾滋病毒呢！

再譬如，有的人追随活着的名流，研究会，纪念馆，诠释讲解，门人自炫，出则鸣锣喝道，入则点头哈腰。这也不稀奇，因为名人成了一块招牌，好销易卖，自然会有啃招牌边的人视为衣食父母。有的人则对故去的名流更感兴趣，一旦乘鹤西去，死无对证，知道本主不能从棺材里爬出来否认，个个都说得了真传，你说可怕不可怕？一下子涌出了许多门人弟子，令人扑朔迷离，莫辨雌雄。凡此种种，不一而足，对这些上下奔走、左右跳踉、求名借名、冒牌推销的人，说得好听一些，是月亮借了太阳的光，说得刻薄一些，便有拉大旗作虎皮之嫌。

何必非要叫龙井不可呢？

茶场的日子

李辉

她的日本朋友非常喜欢这些茶。

　　我喜欢喝家乡的茶叶。每年春天，清明一过，只要家乡有人来，总会给我带上一些刚刚炒的新茶。

　　喝绿茶一定要喝春天的新茶。经过一冬的睡眠，茶树在春天的雨水中争相吐芽。那些芽尖，碧绿细嫩，在略带浑浊状的老叶子上面，显得格外水灵灵，十分可爱。它们仿佛汲取了茶树浑身的精华，一夜之间，把清香挥洒出来，充溢整个山谷。这个时候把它们采摘下来细心加工，最能保留那份春天的滋味。春茶最好把它们泡在白瓷杯子里，满眼青绿，格外招人。讲究喝茶的人，泡新茶第一道时只用稍许水，先把它倒掉，只喝第二道第三道。这样泡出来的茶，味道最为清纯，抿一口，满口茶香，顿时，心旷神怡。

家乡在湖北随州。这是个面积很大的县（现在改为市），有很多山。北边与桐柏山、鸡公山相邻，山这边是随州，山那边便是信阳，而著名的信阳毛尖，就主要出在这座山上。南边是蜿蜒起伏的大洪山，号称楚中第一峰。这里雨水充沛，云雾缭绕，对茶树最有益。有山，有水，最适合种绿茶。家乡的茶场便很多，几乎山区的每个乡都有。大小不一，最大的已有万亩之众，伫立在这样的大茶场，环顾周围，满山遍野一垄一垄的茶叶相连接，颇为壮观。

记得小时候茶场没有这么多，只是到了七十年代，好像一股风刮来，开荒种茶成为所有山区的特点。就在我中学毕业开始插队劳动生活的那一年，十几个几十个茶场几乎同时在随南山区大规模地创建起来。

我们插队那年，因为推广株洲市"厂社挂钩"的经验，知青都是按父母所在单位划分，集体下放，而不是前几年那样零散地下到生产队。是知青集体下放促进了茶场的上马，还是茶场慷慨地接纳了我们，我不清楚。反正，我们那年插队的同学，几乎都有了各自的茶场。记得空闲时，我们互相串门，便步行几十里，从这个茶场走到另一个茶场，准能找到相熟的同学。

离开当年的茶场已经快二十年了，每当提到它，我还是习惯称它"我们的茶场"。我们的茶场原叫宋家茶场，后来改名为云峰山茶场。最初约有百来人，知青和农民各占一半，比起其他茶场来，要算规模最大的。规模大，气魄也最大，目标是建立一个万亩茶场，虽然我们刚到时现有的茶树不过几十百把亩。规划十分诱人，一切却刚刚起步。我们到的当年冬天，最大的工程就是在我们住的那座山坡下面，修建一个小水库。上千农民辛苦一个冬天，筑起大坝。一到春天，水库便蓄上了水。

水库其实很小，蓄水也有限，但一池渐渐变清的库水，使本来显得荒凉贫瘠的茶场，一下子平添了许多生机。我们的窗户面对着水库，站在窗前，俯瞰库水，再顺着水把目光往前移，远处便是一片片我们开垦出的茶地，还有等待我们去砍伐的荆棘丛。自打有了小水库，我们饮水、洗衣、散步便有了好去处。夏天带来的快乐最多。

天热时，要到对面山上出工，会游泳的同学，索性举着铁镐和衣服，踩水过去，而我们不会水的则不得不绕过一道又一道山坡，走上好几里地。

其实，那些日子也挺艰难，但如今留在记忆中的却是许多愉快的往事，或者是想起来觉得好笑的往事。

山区最缺的是菜。我们人多，是吃公共食堂。每天让人发愁的就是菜。没有蔬菜，更没有肉，特别是到了冬天和春天青黄不接的时节。冬天红薯成了主食和主菜。有段时间每顿差不多都是红薯。饭里有红薯，菜也是，只是加了点盐，而油几乎没有。吃得多了，往往拉不出大便，房间里便充满臭气。男同学们喜欢互相取笑，只要一有动静，就会大喊一声：你又放红薯屁了！顿时大家一阵欢笑，把初次遇到的艰苦也冲淡了。

刚到茶场时，住房很少，我们是七八个人睡在一个小屋的通铺上。一个同学擅长于打鸟抓鱼，一天他用弹弓打下了一只鸽子。于是，那天，便成了我们盛大的节日。大伙分头到山上挖一种当地农民叫作"百花散"的野菜。百花散的根部类似于大蒜，可以食用。我们挖回很多，就把它们和小鸽子放在一起炖汤。害怕所有人都来尝鲜，我们把房门紧紧闩住，还分派两个人顶住门。点燃从家里带来的煤油炉，脸盆盛满水，把鸽子和百花散往里面一放，开始炖起汤来，为了合理分配，我们把鸽子切成好多小块。

我们的眼睛盯着脸盆，眨也不眨。等待的时刻，那么神圣，也那么漫长。渐渐，房间有了香味，大家尽量压低声调欢呼着。香味也飘出了房间，把其他同学也吸引了过来。有一个只有十五岁的小同学，不住地敲门恳求：我只喝口汤。我们当然不敢放他进来。

负责炖汤的同学非常精明狡猾，他不住地尝，嘴里不住地说：还没好，味道真不怎么样。等我们醒悟过来，他已经多尝了好几块肉，多喝了好几口汤。大家马上罢免他，把他换到角落。我们拿出碗，开始分配。现在想来，那一时刻，我们心中十分激动，神态也一定显得极为庄重。我们珍惜每一口汤，每一小块肉，捧着碗慢慢抿，生怕一下子把它喝完。

这该是我觉得最香的肉汤。

茶场也养着几头猪。但那是为春节年饭准备的，平常根本不可能动用它们（我不知道当时为什么不多养些猪，可能缺少饲料的缘故），唯一一次不是春节时候杀猪，是在一次大旱之后。

连续几个月茶场没有下过雨，我们每天不得不冒着高温从水库里担水，挑到几里外的山上，浇灌冬天种下春天刚刚冒出的茶苗。水库的水也渐渐干枯，就只好干等着下雨，不然，所有茶苗等于白种。一天，天上终于阴云滚滚，可是它好像故意挑逗我们，却不肯洒下一滴雨。茶场所有的人都跑出房间，站在院子里仰望天空，祈祷雨神。茶场书记可能再也无法承受等待的痛苦，对着大伙儿大声说：今天只要下了大雨，我们就把那头最大的猪杀了加餐。我们一阵欢呼，对雨的盼望更急切了，说不清最盼的是雨还是肉。

老天爷可能被我们的期盼所感动，真的下了一场大雨。我们跑进雨里，跳着唱着，让雨把自己浇个够。我们还在雨中跑到猪圈去，看看书记许愿的那头猪。书记也没有食言，第二天就把那头大肥猪杀了。那顿加餐，也成了全场的节日。我们每个人都分到一大碗肉，汤其实就是油。奇怪，那么多肥肉和猪油，居然全部吃光。还是女同学秀气，肥肉和汤是无法吃下去的。于是，便宜了我们这些男的。我和几个伙伴，就跑到女同学那里，再把她们的一部分也给消灭掉。现在，我无论如何也不能想象自己竟然能吃下那么多的肥肉，妻子更不相信，我能把一碗猪油喝下去。

这么多年过去了，当年开创时期的一些艰苦，显得十分遥远，好像早已不值一提。我们在那里毕竟来去匆匆，只有两年多时间。但是，茶场发生的一切，难以忘怀，常常让人回味不已。当年茶场的同学相聚，最快乐的话题，当然是关于茶场的一切。

于是，"我们的茶场"永远成为我生活的一部分，关于山关于水关于茶的记忆，也成为我生命体验的一部分。每当家乡人为我带来我们茶场的新茶，我便十分乐意将它分送给友人。很高兴，他们是真正喜欢它。有一年萧乾先生的夫人文洁若到日本讲学，她把我送的茶叶作为礼物带到日本去。她写信告诉我，她的日本朋友非常喜欢这些茶。去年四月，我到山西，离京前正好刚收到家里带来的我们茶场的新茶，我就带了一些路上喝。在太原，小说家李锐兄来宾馆看我，我为他泡上一杯，还未喝，满杯青绿，就让他赞叹起来。抿上一口，更是赞不绝口。我当即把随身带的茶叶留给他一部分。后来，我们见面时，他告诉我，他按照茶叶袋上的地址给我们茶场去过信求购，并讲明是我的朋友。茶场的领导很快给他寄来茶，还回了信。那领导，便是我当年所认识的当地一位教员。

今年五月，在距插队正好二十年的日子，我又一次回到了我们的茶场。

也许是刚刚从神农架下山的缘故，记忆中的茶场的山，现在在我眼中显得矮小、平缓。然而，那份亲切是任何山水无法替代的。当年万亩茶场的规划，如今已经成为现实，除了总场之外，周围还有好几个分场，职工达到上千人。据说茶场的面积和产量现在整个湖北省已名列前茅（好像是第二位）。好几个品种被省和有关部门评定为优质产品，并冠以"中国名茶"的称号。现在，茶场每年的产值达到好几百万，利税几十万。

小水库面貌依旧，围绕着它，满山遍野目光所及全是青翠如云的茶树。除了水库，当年的痕迹已难以寻找。我们喝鸽子汤的那些住房已经拆掉，墙上书写着"猪多肥多肥多粮多"标语的厕所，也没有了踪迹。全变了。茶场盖起了一幢幢楼房，职工也同城里人一样住进了单元房，有了自来水，有了电视。原来上工的小道，已成为一条公路，每天有好多趟班车从这里路过，把周围几个县贯穿起来。每到春茶上市季节，来自全国各地的汽车，便顺着这条公路络绎不绝地开来抢购新茶。

我们的车一到茶场办公楼的大门，便遇到业务场长，他居然就是当年和我们在一起的一个篾匠。在农村，手艺人是最为精明能干的，现在他终于有了施展才干的更大天地。我们兴奋地谈起往事，谈起兴旺的茶场。他领我在办公室观看茶场获得的一张张奖状、一面面锦旗。甚至谈论到，有一天能够把当年参与创建这个茶场的知青都请回来相聚。

当然，他不会忘记给我泡上一杯最好的绿茶。

清风生两腋，余香齿颊存

——写在澳门市政厅举办中国茶艺展览之前

〔澳门〕李鹏翥

> 现在世界上"茶"的名称，都是从中国
> 人称呼的"茶"或"茶叶"音译过去的。

　　饮茶是中华民族的生活享受和艺术，融入了海峡两岸以至海外五大洲的炎黄子孙的日常生活中，由饮茶以至引发出的茶具、泡茶等一整套工具、方式和风俗习惯，形成中国文化的一部分。中国人和英国人、伊拉克人、澳大利亚人……的饮茶都有所不同，学者可以从民俗学、文化学等不同的角度去研究茶与饮茶，而且是一桩饶有兴味的事儿。

　　若说起茶，中国是"世界茶叶的祖国"，这可不会是夜郎自大的讲法。相传四千多年前，"神农尝百草，日遇七十二毒，得茶而解之"。"茶"即"茶"的古字。可见茶在中国古代是从药用开始，到了殷周时代，便逐步变为日常饮用，秦汉以后，饮茶从四川蔓延开来，蔚然成风，经过唐代的发扬，陆羽写出了世界第一部茶叶专著《茶经》，制茶、烹茶大有讲究；再经宋代将品茶提高到一个艺术的意境，文人墨客写了不少这方面的诗词佳篇。宋朝的大词人刘过写道，"饮罢清风生两腋，馀香齿颊犹存"，形象地概括了饮茶的感受。饮茶作为生活需要和艺术享受，以后历代再加推广，风气日盛，茶具尤其是紫砂茶壶的制作，到了清朝更是达到一个灿烂光辉的时代。

说起来很有意思。现在世界上"茶"的名称，都是从中国人称呼的"茶"或"茶叶"音译过去的。英国和美国的 tea（茶），是由"茶"的厦门音（te）转变的；俄语的 ч а й（茶），是由 easinensis，即是"中国茶"的意思，目前，世界五大洲有四十多个国家和地区产茶，直接或间接都导源于中国。

茶在中国，产区辽阔，品类繁多，南至海南，北到山东，西到云南，东至台湾，19个省（区）都生产具有不同特色的茶叶。据专家的评定，堪称名茶的就有四五十种，大略可以分为红茶、绿茶、花茶、乌龙茶、白茶和紧压茶等六大类。一种名茶的出现是不简单的，它需要有优秀的茶种，合适的气候和土质，悉心的栽种和采摘，还要有一整套讲究的炒制贮藏艺术。我曾经到过杭州的梅花坞，这是个著名的龙井茶区，产的龙井茶是世界驰誉的绿茶珍品。这种茶以清明前采芽制成的"明前茶"为极品，炒制的手势据说有抖、带、挤、甩、挺、拓、扣、抓、压、磨等十大手法，要随着鲜叶老嫩和锅中茶坯成熟的程度，不时变换手法，才可制成茶条翠绿、叶芽幼嫩，泡起来色泽明亮、香气袭人，入口甘美、鲜爽、生津的"色绿香郁味醇形美"的四绝名茶。

泡茶要讲究水的配合，"水甘茶串香"，好茶用好水冲泡，才可充分发挥好茶的色香味。陆羽不但爱茶如命，也爱水如狂。他写过一首《六羡歌》："不羡黄金罍，不羡白玉杯，不羡朝入省，不羡暮入台，千羡万羡西江水，曾向竟陵城下来。"道尽了为寻好水的如痴似醉。

他写的《茶经》，论水以为"山水上，江水中，井水下，其山水拣乳泉石池漫流者上"，一般而言，是很有道理的。但山水与井水孰优，则历来颇有争议；即使是江水，同是一条江，上段和下段的水也有不同。因此，有人以为要看水源和水质如何，不可一概而论。大致而言，没有经过污染的泉水、江水等流动的活水，大多是天然软水，用来泡茶能增进茶的品质。至于用自来水泡茶，虽说卫生方便，但就水质而言，那是无可奈何的选择！

　　泡茶的方式，讲究得很，人们常说的"虾眼水"，即水在刚沸开时暴出圈圈水珠，用以沏茶，不太烫，可以保持茶的鲜味，特别是不使维生素C、P受到破坏。据科学家的分析，泡茶的水最好在沸开后，待温度降至七八十摄氏度才用，可以使茶叶达到香清味甘，而又保持营养成分。对于茶的嗜好，每人都会情有独钟，但是似乎有个地域的习惯使然，比如说北方人喜欢花茶，江南人喜欢绿茶，广州人喜欢普洱茶，台湾和闽潮人喜欢乌龙茶，山区人喜欢岩茶，城市人喜欢红茶之类。当然，口之于味，是并不会划一的。这只是大别而言。有时某种茶叶突然风行起来往往与其具有某种药用或保健的疗效有关。一个时期，乌龙茶类的水仙，尤其是铁观音，被抢购得身价翻十倍，据说是因为有医学报告说它有防癌的作用。广州、港澳一带的人，长期比较多饮普洱茶，是因为它久藏不变、茶性平和、消食化痰、醒酒第一之故。

茶功如神，中国古代的《本草》等著作都有谈到。它能够有止渴、清神、消食、利尿、治喘、去痰、明目益思、除烦去腻、少卧轻身、消炎解毒等功效，是因为茶叶含有三百多种化学成分，主要是茶多酚类（茶单宁）、咖啡碱、蛋白质、氨基酸、芳香复化合物、碳水化合物、果胶物质、色素、维生素和各种矿物质。茶可以止渴、消炎、消滞，有预防龋齿（蛀牙）、降低胆固醇、预防动脉硬化的功能，是因为它的茶多酚类和氟化物所起的作用。经过化学家的分析，茶叶含有维生素 A、B_1、B_2、C、K、P、PP 以及叶酸等，都是人体不可缺少的营养物质，有益健康，倒是并非诳语。

饮茶正如书法、插花一样，由实用性发展为艺术性，形成一门独特的学问，在邻国日本兴起了茶道、书道和花道，其渊源来自中国。不过，中国人的饮茶、泡茶和茶壶、茶具的制作，都跟日本人颇有不同。对于茶具的制作，中国最有名的该是宜兴紫砂茶壶了，明代以来，它即被誉为"天下第一品"。经过民间艺术家和文人墨客、收藏家的研究、改进，造型的奇特，工艺的精巧，融入了文学、书法、绘画、篆刻等多种艺术手段，形成了超卓的令人爱不释手的风格，许多精品已为世界各大博物馆所珍藏。

现在，澳门市政厅文化康乐部继蛇年蛇展之后，将于马年春季假卢廉若公园兴办一个茶艺展览，介绍中国茶艺源流，名家紫砂茶具以及泡茶示范等，这是弘扬茶艺有利于文化交流的盛事。蒙主事人承邀为茶艺展览目录撰文，不惴谫陋，拉杂而谈，还是及早打住，让广大观众直接欣赏丰富的展品，领略中国茶艺的妙韵为好了。

孟婆茶

杨绛

这儿的茶，只管忘记，不管化。

我登上一列露天的火车，但不是车，因为不在地上走；像筏，却又不在水上行；像飞机，却没有机舱，而且是一长列；看来像一条自动化的传送带，很长很长，两侧设有栏杆，载满乘客，在云海里驰行。我随着队伍上去的时候，随手领到一个对号入座的牌子，可是牌上的字码几经擦改，看不清楚了。我按着模糊的号码前后找去：一处是教师座，都满了，没我的位子；一处是作家座，也满了，没我的位子；一处是翻译者的座，标着英、法、德、日、西等国名，我找了几处，都没有我的位子。传送带上有好多穿灰色制服的管事员。一个管事员就来问我是不是"尾巴"上的，"尾巴"上没有定座。可是我手里却拿着个座牌呢。他要去查对簿子。另一个管事员说，算了，一会儿就到了。他们在传送带的横侧放下一只凳子，请我坐下。

我找座的时候碰到些熟人，可是正忙着对号，传送带又不停地运转，行动不便，没来得及交谈。我坐定了才看到四周秩序井然，不敢再乱跑找人。往前看去，只见灰蒙蒙一片昏黑。后面云雾里隐隐半轮红日，好像刚从东方升起，又好像正向西方下沉，可是升又不升，落也不落，老是昏腾腾一团红晕。管事员对着手拿的扩音器只顾喊"往前看！往前看！"，他们大多凭栏站在传送带两侧。

我悄悄向近旁一个穿灰制服的请教：我们是在什么地方。他笑说："老太太翻了一个大跟头，还没醒呢！这是西方路上。"他向后指点说，"那边是红尘世界，咱们正往西去。"说罢也喊"往前看！往前看！"，因为好些乘客频频回头，频频拭泪。

我又问："咱们是往哪儿去呀？"

他不理睬，只用扩音器向乘客广播："乘客们做好准备，前一站是孟婆店；孟婆店快到了。请做好准备！"

前前后后传来纷纷议论。

"哦，上孟婆店喝茶去！"

"孟婆茶可喝不得呀！喝一杯，什么事都忘得一干二净了。"

"嘻！喝它一杯孟婆茶，一了百了！"

"我可不喝！多大的浪费啊！一杯茶冲掉了一辈子的经验，一辈子不都是白活了？"

"你还想抱住你那套宝贵的经验，再活一辈子吗？"

"反正我不喝！"

"反正也由不得你！"

管事员大概听惯这类议论。有一个就用扩音器耐心介绍孟婆店。

"'孟婆店'是习惯的名称，现在叫'孟大姐茶楼'。孟大姐是最民主的，喝茶绝不勉强。孟大姐茶楼是一座现代化大楼。楼下茶座只供清茶；清茶也许苦些。不爱喝清茶，可以上楼。楼上有各种茶：牛奶红茶，柠檬红茶，薄荷凉茶，玫瑰茄凉茶，应有尽有；还备有各色茶食，可以随意取用。哪位对过去一生有什么意见、什么问题、什么要求、什么建议，上楼去，可分别向各负责部门提出，一一登记。那儿还有电视室，指头一按，就能看自己过去的一辈子——各位不必顾虑，电视室是隔离的，不是公演。"

这话激起哄然笑声。

"平生不做亏心事，我的一生，不妨公演。"这是豪言壮语。

"得有观众欣赏呀！除了你自己，还得有别人爱看啊！"这是个冷冷的声音。

扩音器里继续在讲解：

"茶楼不是娱乐场，看电视是请喝茶的意思。因为不等看完，就渴不及待，急着要喝茶了。"

我悄悄问近旁那个穿制服的："为什么？"

他微微一笑说："你自己瞧瞧去。"

我说，我喝清茶，不上楼。

他诧怪说："谁都上楼，看看热闹也好啊。"

"看完了可以再下楼喝茶吗？"

"不用，楼上现成有茶，清茶也有，上去就不再下楼了——只上，不下。"

我忙问："上楼往哪儿去？不上楼又哪儿去？"

他鼻子里哼了一声说："我只随着这道带子转，不知到哪里去。你不上楼，得早做准备。楼下只停一忽儿，错过就上楼了。"

"准备什么？"

"得轻装，不准夹带私货。"

我前后扫了一眼说："谁还带行李吗？"

他说："行李当然带不了，可是，身上、头里、心里、肚里都不准夹带私货。上楼去的呢，提意见啊，提问题啊，提要求啊，提完了，撩不开的也都撩下了。你是想不上楼去呀。"

我笑说："喝一杯清茶，不都化了吗？"

他说："这儿的茶，只管忘记，不管化。上楼的不用检查。楼下，喝完茶就离站了，夹带着私货过不了关。"

他话犹未了，传送带已开进孟婆店。楼下阴沉沉、冷清清；楼上却灯光明亮，热闹非常。那道传送带好像就要往上开去。我赶忙跨出栏杆，往下就跳。只觉头重脚轻，一跳，头落在枕上，睁眼一看，原来安然躺在床上，耳朵里还能听到"夹带私货过不了关"。

好吧，我夹带着好些私货呢，得及早清理。

水乡茶居

杨羽仪

> 有暇"叹"一盅茶，去去心火，便是紧
> 张生活的一种缓冲。

在广东水乡，茶居是一大特色。每个村庄，百步之内，必有一茶居。这些茶居，不像广州的大茶楼，可容数百人；每一小"居"，约莫只容七八张四方桌，二十来个茶客。倘若人来多了，茶居主人也不心慌，临河水榭处，湾泊着三两画舫，每舫四椅一茶几，舫中品茶，也颇有味。

茶居的建筑古朴雅致，小巧玲珑，多是一大半临河，一小半倚着岸边，地板和河面留着一个涨落潮的落差位。近年的茶居在建筑上有较大的变化，多用混凝土水榭式结构，也有砖木结构的，而我却偏好竹寮茶居。它用竹子做骨架，金字屋顶上，覆盖着竹蓑衣或松树皮，临河四周也是松树皮编成的女墙，可凭栏品茗，八面来风，即便三伏天，这茶居也是一片清凉的世界。

茶居的名字，旧时多用"发记茶居""昌源茶室"之类字号。现在，水乡人也讲斯文，常常可见"望江楼""临江茶室""清心茶座"等雅号。

旧时的水乡茶室，多备"一盅两件"。所谓"一盅"，便是一只铁嘴茶壶配一个瓦茶盅。壶里多放粗枝大叶，茶叶味涩而没有香气，仅可冲洗肠胃而已。所谓"两件"，多是粗糙的大件松糕、芋头糕、萝卜糕之类，虽然不怎样好吃，却也可以填肚子，干粗活的水乡人颇觉实惠。现时，水乡人品茗，是越来越讲究了。茶居里再也不见粗枝大叶，铁嘴壶也被淘汰，换上雪白的瓷壶。柜台上陈列着十多种名茶，洞庭君山、云南普洱、西湖龙井、英德红茶……偶有一两种大众化的，也至少是茉莉花茶和荔枝红了。至于那"两件"，也绝非粗品，而时兴"干蒸烧卖""透明鲜虾饺""蛋黄鱼饼""牛肉精丸"之类，倘要填肚子，也很少吃糕，而多取"荷叶糯米鸡"了。

在那"史无前例"的年月，因为《爱莲说》的作者是士大夫，于是"糯米鸡"外面的荷叶也被取消了，糯米饭中裹的也不是鸡肉而变成猪肉，"糯米鸡"变成了"裸裸糯米猪"。现在，水乡茶居的糯米鸡，不但恢复了传统的荷叶包裹，而且糯米饭里头的确裹着鸡肉，还拌以虾米、冬菇、云耳等珍品，色香味均属上品，百啖不厌。

水乡人饮茶，又叫"叹"茶。那个"叹"字，是很有学问的。

我想，"吃酒图醉"，而且"一醉方休"，大概不是吃酒的宗旨，"醉翁之意不在酒"么。会吃酒的人，邀三几个情投意合者，促膝谈心，手中举着酒杯儿，美美倾谈，酒中吐真情，意真情挚，便渐渐进入古时所谓"酒三昧"的境界。"叹"茶的"叹"字，我以为是享受的意思。不论"叹"早茶或晚茶，水乡人都把它作为一种享受。他们一天辛勤劳作，各自在为新生活奔忙，带着一天的劳累和溽热，有暇"叹"一盅茶，去去心火，便是紧张生活的一种缓冲。我认为"叹"茶的兴味，未必比酒淡些，它也可以达到"醺醺而不醉"的境界。"叹"茶的特点是慢饮。倘在早晨，茶客倚栏杆"叹"茶，是在欣赏小河如何揭去雾纱，露出俏美的真容么？瞧，两岸的番石榴、木瓜、杨桃果实，或浓淡的香气，渗进小河里，迷蒙、淡远的小河，便如倾翻了满河的香脂。也许，是看大小船只在半醒半睡的小河中摇撸扬帆来去，看榕荫、朝日及小鸟的飞鸣吧！倘在傍晚，日光落尽，云影无光，两岸渐渐消失在温柔的暮色里。船上人的吆喝声渐渐远去，河面被一片紫雾笼罩。不知不觉，皎月悄悄浸在小河里……此境此情，倘遇幽人雅士，固然为之倾倒，然而多是"卜老"的茶客。他们"叹"茶，动辄一两个小时，有如牛的反刍，也是一种细细品味——不是品味着食物，而是品味着生活。

　　一座水乡小茶居，便是一幅"浮世绘"。茶被冲进壶里，不论同桌的是知己还是陌路人，话匣子就打开了。村里的新闻，世事的变迁，人间的悲欢，正史的还是野史的，电台播的大道新闻还是乡间的小道消息，全都在"叹"茶中互相交换"版本"。说着，听着，有轻轻的叹息，有呵呵的笑声，也有愤世嫉俗的慨叹。无怪乎古时的柳泉居士蒲松龄先生也是在泉边开一小茶座，招呼过往客人，一边"叹"茶，一边收集可写《聊斋志异》的故事了。

在茶居里，有独自埋下头，静静地读完一张报纸的；有读着、读着，突然拍案而起，惊动四邻的。如今农村经济政策不断放宽，水乡人的两道浓眉也越来越舒展。茶客们"叹"着茶，便心碰心儿，谁个养了多少头奶牛，年产量多少；谁个治木瓜害虫有特效药；谁个万元户联合起来给穷队投资，帮助穷队改变落后面貌……茶越冲越淡了，话却越说越浓。有的茶客在斟盘商谈合资联营，把"死了火"的大队砖窑复活过来，合资购买一辆大卡车，经营长途贩运……桩桩雄心勃勃的事儿，就在"叹"茶中经过"斟盘"而"拍板"了。这里，茶客们的兴致更浓了，他们举起茶杯碰起杯来，始觉浓茶已冲成白开水，便呵呵大笑，吩咐茶居主人再沏一壶香茶。

这样的"草草杯盘共欢"，便是水乡生活中的诗。

月已阑珊，上下莹澈，茶居灯火的微芒，小河月影的皱皱，水气的飘拂，夜潮的拍岸，一座座小小茶居在醉意中，一切都和心象相融合。我始觉这个"叹"字的功夫，颇如艺术的魅力，竟使人渐醉……

边寨茶趣

张昆华

　　茶的本色，意味着要与客人谈心叙家常。

　　在彩云南现的云南，居住着亲如一家的二十五个民族，要是加上一些民族的支系，那就更多了。每一个民族都爱饮茶，每一个民族又都有着能体现本民族文化的不同于别的民族的饮茶习俗。我经常去边疆，在兄弟民族家中做客，领略过许许多多风情各异而又真情浓郁的茶……

一

　　苍山如黛，洱海似珠。

　　一个农事将要繁忙而未繁忙的四月里的宁静的黄昏，我们应邀到大理郊外白族人家饮茶。坐在青砖铺地的天井里，凉快清爽。西看苍山之巅的一朵朵云霞就像是火红的茶花，东望洱海胸前的一叶叶归帆仿佛是轻盈的浮云。一位盛装的白族少女捧来一杯茶，连忙接过喝了一口，哦！是掺了红糖的沱茶。少女的阿爸说，这是第一道茶，表示对客人欢迎，为客人接风洗尘。接着，送上第二道茶，是只泡茶叶的苦茶。汤色淡绿，叶片墨绿，热气芳香。主人说，这是茶的本色，意味着要与客人谈心叙家常。喝了一口，品尝其味，顿时觉得主客之间亲近了些。主人讲起了古老的传说，那哀怨而优美的故事伴随着茶水流进了我的心扉。

最后，白族少女送上米花茶。苦中微甜，甜中带苦的茶水上，漂浮着雪白雪白宛若珍珠的米花。主人说，这是对客人的祝福茶。让每位喝了米花茶的客人，今后能逢凶化吉，心里乐开花。

这就是白族"三道茶"，白族话叫作"哨道照"。

二

我们在纳西族聚居的丽江古城，喝到了别开生面的

"龙虎斗"茶。纳西话叫作"阿吉勒烤"。

纳西朋友说，每一家都有饮茶的小花园。然而最佳的饮茶去处，要数玉龙雪山下的玉峰寺。

玉峰寺侍者特意安排我们坐在一株硕大的茶花树下。正是茶花盛开时，满树枝干举火把，红红旺旺的。树上挂着牌子，称为"万朵茶花树"。这名并未虚夸，有人细数下来，说是不止万朵。为何有这奇观，再一看，原来是枝干交接、花叶相亲的两株茶花合而为一的树。一株开的是重瓣花，一株开的是单蕊茶花。但已是你中有我，我中有你，花团锦簇织云霞，紧紧拥抱在一起，分不清枝是长在哪棵树，花是开在哪树的枝了。

茶倌来上茶，白瓷杯里却斟上三分之一的白酒。酒倒是香的，只不过我们不是来饮酒，而是来饮茶的。茶倌不会弄错吧。疑惑间，茶倌端来一盆炭火置于桌旁。他抓了一把绿茶叶，撒入陶罐之中。陶罐在炭火上烘烤着，茶倌不时翻抖几下。待茶叶发出一股焦黄的气味时，便拎起铜壶冲开水于陶罐之中。陶罐支在炭火上烹煮了一会儿，茶水便沸沸滚开了。茶倌握住陶罐的把子，兴高采烈地喊：

"请看呐，听呐……"

话犹未了，那茶水已冲入盛着酒的杯中。霎时间，杯里爆发出一阵乐哈哈的笑声，又像是在热烈鼓掌欢迎客人。响声过后，茶酒的清香四溢飘散，熏染了空气，仿佛置身于兰花丛中……

纳西朋友说，响声宣告吉祥。声音越响，主人和客人就越感到高兴。

这就是"龙虎斗"茶。我们喝着别具风味的茶水，听纳西朋友讲起万朵茶花的故事：玉龙雪山下有两户人家，各家都栽了一棵茶花树。两家的茶花都开得大，开得多，开得红彤彤的。路南边那家开的是重瓣茶花，路北边这家开的是单蕊茶花。后来，路南边那家生了个儿子，路北边这家生了个姑娘。茶花年年开放，儿子和姑娘渐渐长大。但他们两家却由于争地抢水结下仇恨，长期互不往来。父辈之间的怨恨阻挡不住儿女间的感情。小伙子和姑娘相爱了。两家的父母都不同意他俩成婚。路北边的人家把姑娘嫁到了远方的舅舅家。路南边的小伙子发誓终身不娶。茶花开放的时候，他俩相约悄悄逃到玉龙雪山，在古松树下度过一夜，第二天黎明，便手牵着手跳下万丈深渊，殉情而死，到传说中的玉龙第三国生活去了……

从此以后，两家的茶花便不再开花。一年又一年过去了，还是不开花。两家又气又恨，便不约而同地挖了旧树，栽上新树。一个善良的老和尚过路，知道茶花不开的缘由，便把两家人丢弃的两棵茶花捡回到玉峰寺合栽在一块儿。第二年，两棵树都喜气洋洋地开了花，把几年来没有开放的花都集中起来开了。花朵特大特多特红，象征着那个小伙子和姑娘如火的爱情……

听着这个凄楚哀惋的故事，我好像品出了茶酒相斗相融后产生的特殊风味。

三

在西双版纳，在澜沧江边，我又一次与傣族兄弟姐妹们欢度傣历年——盛大热闹的泼水节。人们在江上赛龙舟，在岸边放高升，在草地跳孔雀舞。澜沧江变成了一条五彩缤纷的河流，载歌载舞的河流，笑语喧腾的河流。

中午时分，主席台给赛龙舟、放高升、跳孔雀舞的优胜者发奖之后，人海人山发出了一阵阵"水！水！水！"的欢呼声，泼水节进入了高潮：人们开始相互泼水，用水表达美好的祝愿……

面对一片片激情飞溅的水花，我倾听着一位傣族赞哈（歌手）唱关于泼水节来历的歌谣。

说是在很远很远的年代，有一个狠毒的魔王，住在山上。他要傣家人一天送一个姑娘给他吃。否则，他就会浑身冒火，就要烧毁茶林和村寨。日复一日，月复一月，年复一年，傣家人难以忍受恶魔的残害了。一位美丽聪慧而勇敢的姑娘挺身而出，又进山去了。她施巧计，没有被恶魔吃掉，反而紧紧卡住了恶魔的咽喉。恶魔气愤得浑身冒出烈火，眼看就要烧着茶林和村寨了。傣家人老老小小都动员起来，用木桶、木盆、竹枪给恶魔泼水。那姑娘又紧紧地抱住恶魔，让他动弹不得。连泼了三天水，恶魔的火终于扑灭了，那位傣家姑娘被魔火烧成灰烬。在傣家人的呼唤中，灰烬中飞起一只绿孔雀，飞到茶林上空盘旋，飞到澜沧江边饮水，洗浴，跳舞……

为纪念那位英勇献身的姑娘，傣家人在她殉难之际，就赛龙舟，放高升，跳孔雀舞，就相互泼水……

赞哈唱完歌，赢得人们一阵阵泼水。他欢跳着，系在头上的小红色绸巾，在雪亮雪亮的水花中，就像是一朵盛开的玫瑰。

末了，赞哈请我们去他家喝竹筒茶。他说，竹筒茶，傣族话叫"纳朵"。那么好的茶，在别的地方是喝不到的。

赞哈家的竹楼隐藏在澜沧江边的一片秀美的凤尾竹丛林中。屋前一棵古老的菩提树遮着亚热带灼人的阳光。院子里长着芒果树、柚子树、椰子树、木瓜树，还有红的美人蕉、黄的吊兰花。上完木梯，我们便脱鞋进入竹篾笆楼。火塘在竹楼中央，焰火终年不断。我们围着火塘席地而坐，刚才被泼湿了的衣裤，很快就干了。

赞哈的女儿玉皎今早刚从茶林采茶归来，一背篓茶叶就放在火塘正上方。赞哈从院子里砍来一截新鲜的香竹，用长刀削去上节留下节。他抓了一把鲜嫩的茶叶放进竹筒内，便在火上烘烤着。待茶叶萎缩，他就用一根木棒插入筒内把茶叶压紧。接着又添进新茶叶，又烘烤，又冲压……如此不断循环操作，直到竹筒塞满了茶叶。整筒烘烤一会儿之后，便用砍刀破开竹筒皮，从筒中剥离出一筒成型的圆柱茶。这时，煨在火塘三脚架上的水已经煮开。玉皎在我们面前依次摆好茶碗，掰下一块新烤的茶放入碗内。赞哈提起铜壶往茶碗里冲入开水……

赞哈的目光很亮，仿佛在期待着绿孔雀开屏。我们都注视着各自的茶碗，随着开水的浸泡，叶片在缓缓舒展，茶水在慢慢变绿，升腾起一缕缕竹膜和茶叶混合的香气……

我双手捧起茶碗，一口一口地喝着。喝得越猛，越是表示对主人的尊敬。赞哈感到十分高兴，用葵叶扇半遮着脸，为我们唱起了《请茶歌》：

远方的客人啊，

请把澜沧江边的竹楼当成家。

喝下一碗傣家的竹筒茶，

你就会不渴不乏走天涯……

四

从赞哈家的竹楼阳台上，远眺澜沧江对岸耸入云霄的基诺山。那是一个若隐若现的神秘世界。基诺山满山遍野是茶树。他们喝茶的习俗，在云南众多的民族中是独树一帜的。

越过澜沧江，环山而上，车行数十里，来到一片原始森林边沿，便停车步行。我们在森林迷宫中绕来绕去，仿佛进入了童话景观。古树垂吊着粗藤有如巨蟒。猴群在枝干间嘶喊着窜来跳去。不见阳光，也不见茶树。及至走出茫茫林海，便觉豁然开朗，阳光明媚，见一幢幢茅屋好似小舟漂荡在绿海之上。果然，在基诺寨四周，围绕着郁郁葱葱的森林。俗话说：茶林与基诺人同在。这话一点也不假。

我们进寨后，在老村长家茅楼的阳台上落座。用竹笕槽从森林中引来的清洌山泉，哗哗在阳台边流淌着。山风徐徐，林涛森森。从阳台上可见屋里火塘红旺，也有大土罐支在火塘上烧着开水，却不见主人沏茶，便忍渴问起森林的事了。

"基诺山是云南著名的六大茶山之一，老祖祖是怎么种起茶来的呢？"

老村长喊来他的孙女，一个十六七岁的姑娘，叫她去寨边采一些鲜茶叶来。姑娘挎上竹篮走了，老村长从容地给我们讲了基诺族的创世纪……

山泉水碰着阳台边沿的竹片，溅起水花，在阳光映射下变得五颜六色，扑朔迷离。老村长把我们带到了遥远而又遥远的过去。

基诺族的老人的老人的老人……亲口讲，始祖尧白是一位伟大仁慈的母亲。她受孕于太阳的精灵，创造了人：汉族是老大，傣族是老二，拉祜族是老三，佤族是老四，布朗族是老五，僾尼人（哈尼族的支系）是老六，基诺族是老七……创造完各民族兄弟姐妹，觉得人多了，天地变小了，便又开天辟地。然后才给她的儿女划分平地、河流、高山、森林、动物、花朵……基诺族觉得自己小，天地够大了，森林也多多的有，就不去参加分配。尧白阿妈先派汉族大哥来叫，基诺族没有去；又派傣族二哥来喊，基诺族也没有去。尧白阿妈亲自来叫，基诺族还是不去。尧白阿妈一生气，就把好山好地好水分给了别的民族。可后来一想，二天基诺族的日子难过，做阿妈的心上也肯定会难过，就想了办法补救。尧白阿妈抓了一把茶籽，撒在基诺寨周围团团转的荒地上。那些荒地是基诺族砍光了森林，棍耕火种后空下来的。接连下了几天的雨，荒地上就冒出许许多多的茶籽芽，又长成茶苗、茶树……

正说着，那基诺少女已采回鲜茶叶。老村长便在阳台上制茶待客。他端出一只圆木挖空而成的大盆，用泉水冲洗干净，抓了几把茶叶在木盆里搓揉着。直到生茶叶变软成条条后，又进屋去取来各种配料：黄果叶、樟脑叶、酸笋丝、酸蚂蚁、白参、大蒜、辣椒、盐巴等，放进木盆与茶叶撮合搅拌，然后才端起木盆到阳台边冲入清清的泉水……

老村长把一大盆茶水端到我们面前，给每人倒了一大碗，笑得脸上都没有了皱纹，用基诺族话连连说：

"拉叭批皮，拉叭批皮……"

陪我们来的干部解释说，汉话就叫凉拌茶。基诺族祖祖辈辈相传，一直饮用这种凉拌茶。对于生活在深山老林里的基诺人来说，确实是一种极好的保健饮料：解渴生津，益肾补脾，还能防治感冒和肠胃病……

好处还没有说完，我就毫不犹豫地端起大碗咕咕地喝着。说不出是什么滋味，苦酸辣咸都有一点点，只觉得清心提神，好舒服哟！

五

离开基诺山，我们又回头跨过澜沧江，向西双版纳勐海县进发。很早以前我就知道，勐海才是闻名天下的"普洱茶"原产地。古时候起到近代，普洱是滇南商业重镇，西双版纳边陲一带的茶叶由马帮长途驮运到普洱销售，所以才得这个名称。有文字记载可查，普洱茶已有一千多年的历史了。唐代学者在其《茶经》中写道："茶者，南方之嘉木也……"这是否仅指普洱茶，尚有待于考证。但唐代樊绰在其《蛮书》中所说的"茶出银生城界诸山"；王禹曾就云南茶吟诗"秀于九畹芳兰气，圆似三秋皓月轮。爱惜不尝唯恐尽，除将供养白头亲"等等，都确实是赞誉普洱茶的。另据南宋李石所著《续博物志》一书记载："西潘（即西藏藏民）之用普茶，已自唐朝。"可见唐代已有普洱茶远销西藏等地。清朝阮福著《普洱茶记》，对此有翔实的描述。

因此，当茶叶科学研究人员考查发现，在勐海县巴达区大黑山里，有一棵树高32.12米，树身胸径1.03米，已有一千七百多年树龄的野生茶树时，我们既感到惊喜，又觉得这是很自然的事实。但由于大黑山交通十分困难，亲临树下的人还不很多。为广大群众所熟知的则是南糯山的一棵"茶树王"。南糯山在西双版纳首府允景洪与勐海县之间，离公路干线不过四公里，因而去参观的中外游客络绎不绝。

我们沿流沙河溯流而上，在原始森林中蜿蜒疾驰。太阳当顶时，轻快地到达南糯山，拜访了高大挺拔的"茶树王"。这是一棵人工栽培型的茶树，两人才能合抱过来，已有八百多岁了。但它却显得十分年轻。枝叶繁茂，满树绿荫荫的，洋溢着青春活力。抬头仰望，只见两位僾尼姑娘正架着梯子在高处采摘它的嫩叶呢。"茶树王"

身旁，聚居着茶树家族，仿佛是它的兄弟姐妹。至于直径 10 厘米粗的茶树，则随处可见。这些都足以证明，南糯山人工栽培的茶林，至少已有八百多年的历史了。当然，比起大黑山那棵茶树老祖宗，南糯山的"茶树王"还不知道是属于多少代之后的小孙孙呢。故有学者作出结论：世界茶叶原生地在中国；中国茶叶原生地在云南；云南茶叶原生地在西双版纳勐海。不信，你在别处找得出比大黑山那棵一千七百多岁的野生茶树更为高龄的茶树吗？

来到茶叶的原生地，我们自然想依照当地民族习俗饮茶。我们随一位僾尼小伙子走到最近的一个寨子里，进了他的家。他刚刚结的婚，竹楼新崭崭的，还散发着山茅草、竹篾笆和红椿木梁柱的香气。小伙子说，新娘不在家，采茶去了。就是架着梯子在"茶树王"身上采茶的那两个姑娘当中的一个。

"到底是哪一位呢？"我很遗憾，当时没有细问，错过了认识新娘的机会。

"就是登得最高，茶叶采得最多，人长得最漂亮的那一个啰！"小伙子颇为得意地笑着说。

"新娘采'茶树王'的茶叶，又有什么风俗寓意呢？"我不禁越来越感兴趣。

"哦哟哟，不好意思说出口啰！嘻嘻嘻……"小伙子用双手掩着面，笑声却更加响亮了。

"不怕得，说得哩嘎！"陪同我们来访的当地干部用手拉了拉小伙子的衣袖，"他是省里来的作家，要写文章说我们僾尼人的好话呢！"

小伙子仍然嘻嘻嘻地笑着，动手把竹楼中央火塘上的柴禾架好，吹燃了火，又在三脚架上支起盛满了山泉水的土锅，这才坐下，给我们讲了其中的奥秘：

"采了'茶树王'的茶叶，是想托'茶树王'的福：新郎新娘的爱情像'茶树王'一样长久，生命像'茶树王'一样旺盛，儿子孙子像'茶树王'的茶叶一样多多的啰！"

"哦哟哟。好啰，好啰！"我鼓起掌来，又进一步问道，"要是喝了新娘采来的'茶树王'的茶，那我们不也得跟着沾光吗？"

"合啰！合啰！"小伙子拨了拨柴禾，火光映红了他的脸膛，"刚才我给我婆娘说过了呢，要她赶回来烧茶招待贵客……"

正说着，新娘头顶着背带，背着一箩茶叶，跨进了竹楼。她确实长得很美。头上佩戴着许多银饰，宛若点点繁星。身穿紫红底色夹杂着橘红色和金黄色经纬线的上衣；百褶短裙是深蓝色家织土布缝制的；整个穿戴既富丽又庄重。新娘的到来无疑地使竹楼增添了喜庆气氛。她一边与我们谈笑着，一边用另一口土锅烘揉着新采来的"茶树王"的茶叶。真是火旺水急，不一会儿，土锅里的水滚开了，茶叶也制好了。新郎抓了一把茶叶丢进土锅里，新娘也跟着抓了一把茶叶放在土锅里。这表示新婚夫妇都一心一意欢迎客人。

茶叶在土锅里煮了几分钟，便由新郎把土锅端下来，放在火塘边。这时，新娘早已在客人面前摆了竹筒做的茶杯。随后她挥动灵巧的手，用一把马蹄形的竹勺给客人一一舀茶。

还没喝呢，茶香已在满楼飘荡。待到举杯喝一口，才觉得喝了半辈子的茶，没有任何茶水能蕴含这么浓醇的山野的芬芳。这既是古老而原始的"茶树王"的茶，又是现代儌尼青年男女的新婚茶。喝下去，能不使人年轻长寿吗？

新郎看我这样着迷入神地品茶，便加以介绍说："这就是儌尼人的土锅茶。儌尼话叫作'绘南老泼'……"

喝完茶，听完故事，我们告别了儌尼寨的新婚夫妇，向远方驶去。我们将去布朗山畅饮布朗族的"青竹茶"；将去澜沧畅饮拉祜族的"烤茶"；将去阿佤山畅饮佤族的"烧茶"；将去高黎贡山畅饮傈僳族的"油盐茶"；将去迪庆草原畅饮藏族的"酥油茶"；还将在饮茶时请各民族兄弟姐妹们给我讲述他们神奇而动人的传说故事……

龙井看采茶

陈学昭

> 喝龙井茶比什么都好，不单口里清爽，
> 连脑子也特别清楚。

年轻时，每逢家里来了客人，哥哥嫂嫂们总是泡茶接待。一下子客堂间里散发出一股清香，在客堂外的小走廊上也闻得到。客人们和哥哥嫂嫂在谈论："这是'明前'？'雨前'？""什么'明前'！'雨前'！""都是龙井茶啊！""龙井茶有这么多花样？""可不是，有头茶二茶三茶哩！"正在这时，从姊从她家的灶间走到院子里，望见我，她大约听到一点哥嫂和客人们的谈天说地，她把我一把拉到她家，叫我坐在灶间旁边的吃饭间里，靠着方桌，泡了一杯茶，放在我面前，说："喏！你喝杯龙井茶！"这是我第一次喝到的龙井茶。后来，我长大了些，到南通、上海等地念书，都听到人们问我关于浙江的龙井茶。为了求学，我南北东西，国内国外都跑，常遇到人们询问的浙江的两种特产：茶叶和丝绸。他们说："浙江是茶叶之乡，丝绸之乡。"前几年有位法国的女学者——她曾到我国学习中国文字，能讲简单的中国话，非常了解我国的情况。她来看我，她是在研究中国最早的妇女运动。她一到我处，刚请她坐下，她笑着说："您快泡杯龙井茶给我喝喝！"

1955年，我去杭州郊区龙井体验生活。

初春，茶农满怀着希望，做着各种准备和安排。我大早吃过粥，坐公共汽车到岳坟，雇了一辆三轮车，直到龙井山脚下。这段路很长，一路上遇到的人，不是骑自行车，就是步行。我想这位三轮车师傅送我到龙井山脚下，再回到岳坟是空车了吧?!我有点不好意思，问他多少车钱，他迟疑着，说："用多少站算的。""多少站呢？"我再问。"也说不清，会不会有10站左右？"他终于说。我想不清一站算多少，该给他多少。我塞给了他几元，一再谢谢他！他好心地要送我上山，我担心他把车子放在山下，万一有儿童、青年来玩，他找不到车子或弄坏了怎么办？再三谢他，不要他送。我提着一小包行李：里面只一床丝棉被、一条毯子和几件衬衣，急急忙忙往山上走，一边向他招招手，望着他骑车走了。

龙井村是在山上。弯弯曲曲的，须爬许多石级，沿着高低不平的路，找到了当地一位负责人的家。他有事去村里，师母叫女儿去找他回来。我给他看介绍信，他看后，和气地答应立刻解决我的住宿和生活问题。他要我在他家坐坐，他出去找另一位村里管行政事务工作的同志一起去找住处。他回来，已是近午。他和师母诚恳地留我在他家吃午饭，饭后送我到住处。饭后，还喝杯茶，谈了几句，然后他提着我的行李包送我到龙井寺办的旅客宿舍。因为常有游客是信佛教的，龙井寺很出名。因此造了一座房子，像一种招待所。房间有较大的，有小的。大的是在龙井寺的两旁。我住的小房间，要走几级楼梯。楼下的房间是关着的。我的小房间朝南，后边朝北有间房关着，望不见龙井寺。朝南的窗外是一块小小的空地，有好几株很大的树。树那边就是狭狭的路。我的伙食就包在他家里，我付他粮票和伙食费，每天大早我去他家吃早点。师母很客气、又热情，常常给我吃鸡蛋。他们养了几只母鸡，生有蛋的。吃饭时，我听师母讲好些关于采茶的事情。他们的十五六岁的女儿和我很好；她说她会陪着我去看看的。这样，我就在小女孩的带领下到茶地里去。

走到茶棚下，有好几个妇女和女青年在茶棚下搞清洁。我站在她们旁边看着。"你看啥呀？"其中一位中年妇女微笑着问，其他妇女也抬头微笑着朝我看。我还未回答，陪我的小女孩说："她要看采茶呢！""那好！我们弄清洁茶棚下的地以后就要采茶。"真的，她们立到茶棚边，开始采起来了。我看她们伸右手的手指轻轻地摘着柔而短极的根子，但不碰着茶叶，茶叶是两瓣叶子。她们非常亲切，像对一个老熟人，耐心地教我好几次，我极胆小怕把茶叶碰坏。她们采下的这些茶叶炒成时，有名特级旗枪——两瓣叶子，一旗一枪；还有一级旗枪，一副级旗枪，二级旗枪等。接着，我跟着她们去炒茶叶。炒茶叶不单单炒的人要有技术，烧火的人也要有烧火的技术，火不能太旺，但炒的也不能太久。茶叶炒好，不能放在太阳下晒，只能放在干燥的地上，铺条席子，放在席子上让它凉干。她们曾给了我一小把旗枪，对我说："你放在杯子里泡来喝，茶叶喝第一次后，要再泡第二次，第二次才能把最好的茶味喝到。"我听她们的话，泡杯茶喝第二次时尝到了茶的清香！

当茶叶极盛的时候，村里人来不及采，只好从外地，如萧山，比较近的地方请一些姑娘来帮忙采，差不多每年都如此。这些女青年很高兴到杭州的风景地点来工作——采茶。兴趣一来，大家不谈天，却唱起歌来："龙井茶叶虎跑水，桂子香飘又一年（这里有两重意思：桂子香飘是指和龙井只隔一座山的同样生产绿茶闻名的满觉陇，可是满觉陇又生产桂花。至于"一年"，采茶姑娘们一年只来一次），一年啊又一年！"

我在龙井村体验生活近一年，总算学习到能采一点茶、炒一点茶和烧火。从此，喝茶也成了我的习惯。过去在早上我喝牛奶，后来觉得喝龙井茶比什么都好，不单口里清爽，连脑子也特别清楚似的，至今还是如此！

乌龙茶之韵

陈志泽

喉韵是什么？是铁观音独特的芳香甘甜
的回味。

那一天，在那一座山上……

因为追捕山獐，背上满篓的茶叶一路腾搅；尔后，
因为忙着杀獐，又经过一夜的发酵；在清晨，在焙制之后，
成了茶中奇秀……

乌龙茶呵，是在疾速奔跑、跃动中诞生的。

它经过一段被遗忘的暗夜时光，领悟了生命的真谛，
显示出神奇。

它因劳动者的发现和研制而四海扬名。

远方来的客人呵，请啜这一杯。

你可尝出乌龙茶之韵。

滚烫的冲泡，芳香四溢！

充沛的热情才能叫它释放出饱含的日精月华；伸张着蜷缩的躯体、蜷缩的灵魂，舒展开它的期待……

对于冷漠，它无动于衷。

漫长的岁月的风吸尽了营养的石的颗粒——粉末——沙砾土——黄壤……

瘠薄的红土地，它慈爱的母亲！

沉静地生长，一丝丝、一缕缕地积蓄着真情、酝酿着至味……

风味独具是它的回报。

假如不站到高处，它得不到那么多的雨水，那么醇的风，那么多情的云雾，那么柔美的阳光……当然，它因此也得遭受冰霜的逼迫。

假如不站到高处，也许可以长成艳丽的花。然而，它绝成不了名茶！

根须畅饮山泉的爱情之酒。它生长着醉人的浓郁。

绿叶沐浴着云雾间深情的光照。它珍藏着富有韵味的芳香。

脉络任凭高山清风的梳理和抚爱。它滋生着隽永的兴奋和喜悦……

说它珍贵，它委实珍贵。它曾是皇帝享用的"贡品"。小小的一盅能泡出多少神秘的传说，冲开多少历经漫长岁月繁衍变化令人费解的迷……

说它普通，它委实普通。老百姓也能随时畅饮，一样的生津止渴，一样的醒脑提神，一样的韵味十足！

不要加糖或别的调料。矫饰无异于对它的亵渎。

品尝乌龙茶的极品铁观音，人们都说有喉韵。

喉韵是什么？是铁观音独特的芳香甘甜的回味。是它精纯真切的显示。不仅仅凭借味觉的感知。这是种茶人感情的蕴蓄，大自然的造化。这是云雾的缠绵、冰霜的圣洁。

喉韵，铁观音之魂！

茶雅急救钞

陈迤冬

> 读一读《茶经》、蔡襄《茶录》和赵佶
> 《大观茶论》等，庶几不向日人的"茶道"
> 羡煞耳。

唐陆羽著《茶经》，谓："结瘕疾，茶之为用味至寒，为饮最宜。精行俭德之人，若热渴凝闷，脑疼目涩，四肢烦，百节不舒，聊四五啜，与醍醐甘露抗衡也。"又引《神农食经》："茶茗宜久服，令人有力悦志。"

到了明代李时珍，也只说茶"苦甘，微寒，无毒。茶苦而寒，阴中之阴，沈也，降也，最能降火，火为百病，火降则上清矣"。传云时珍"早年气盛，每饮新茗，必至数碗，轻汗发而肌骨清，颇觉痛快"。他们远不知茶有降胆固醇、又有防癌及抗核放射之功能，不佞曾于《团结报》专栏《茶座龙门阵》揭载，兹不另述。

当然，茶也有害处。袁鹰同志为《清风集》向我征稿，我只言其好不言其害了。否则有骂题之嫌，那就以清"风"开头：

七碗生风

唐·卢仝《客笔谢孟谏议寄新茶》："柴门反关无俗客，纱帽笼头自煎吃。碧云引风吹不断，白花浮光凝碗面。一碗喉吻润，两碗破孤闷。三碗搜枯肠，唯有文字五千卷。四碗发轻汗，平生不平事，尽向毛孔散。五碗肌骨清，六碗通仙灵。七碗吃不得也，唯觉两腋习习清风生。"

三饮得道

释皎然《饮茶歌》："……素瓷雪色缥沫香，何似诸仙琼蕊浆。一饮涤昏寐，情来朗爽满天地。再饮清我神，忽如飞雨洒轻尘。三饮便得道，何须苦心破烦恼。……"

以诗乞茶

唐·姚合《乞新茶》："嫩绿微黄碧涧春，采时闻道断荤辛。不将钱买将诗乞，借问山翁有几人。"

还童扶寿

张岱《夜航船》："……其水边处处有茗草罗生，枝叶如碧玉……唯玉泉真公常采而饮之。年八十余岁，颜色如桃花。而此茗清香酷烈，异于他产，所以能还童振枯，扶人寿也。……"

佳茗佳人

宋·苏轼《次韵曹辅寄壑源试焙新芽》："仙山灵草湿行云，洗遍香肌粉未匀。……戏作小诗君一笑，从来佳茗似佳人。"

活水活火，茶雨松风

苏轼《汲江煎茶》："活水还须活火烹，自临钓石取深情。大瓢贮月归春瓮，小杓分江入夜瓶。茶雨已翻煎处脚，松风忽作泻时声。"

回文记梦

苏轼有《记梦回文二首》："酡颜玉碗捧纤纤，乱点余花唾碧衫。歌咽水云凝静院，梦惊松雪落空岩。""空花落尽酒倾缸，日上山融雪涨江。红焙浅瓯新活火，龙团小碾斗晴窗。"试反读之，第一首末字是"梦、歌、乱、酡"。第二首尤精，末韵押"龙、红、空"也。

神、趣、味、施

《岩栖幽事》云："品茶，一人得神，二人得趣，三人得味，七八人是名施茶。"

吓煞人香

《苏州府志》："洞庭东山碧螺石壁，产野茶几株，每岁土人持筐采归，未见其异。康熙某年，按候采者如故，而叶较多，因置怀中，茶得体温，异香突发，采茶者争呼'吓煞人香'。"遂以此得名。康熙帝南巡，幸太湖，巡抚宋某贡以此茶。帝以其名不雅驯，题之曰"碧螺春"。

千里埋冤

《苕溪渔隐丛话》："郑可简以贡茶进用，累官职至右文殿修撰、福建路转运使。其侄千里于山谷间得朱草，可简令其子待问进之，因此得官。好事者作诗云：'父贵因茶白，儿荣为草朱。'待问得官而归，盛集为庆，亲姻毕集，众皆赞喜，可简云'一门侥幸'，其侄遽云'千里埋冤'。众皆以为的对！是时贡茶，一方骚动故也。"

钞书到这里，有点煞风景了，有失雅道。我在《茶座龙门阵》中也极言贡茶之扰民，就不必再提了。数典不忘祖，我奉劝读者，读一读《茶经》、蔡襄《茶录》和赵佶《大观茶论》等，庶几不向日人的"茶道"羡煞耳。

皖南茶乡闲话

陈登科

听茶农谈种茶、采茶、制茶、饮茶的珍
闻，我以为这比买茶、喝茶更有意思。

每到谷雨季节，皖南山区的小汽车云集，人群川流
不息。为什么？因为新茶上市了，谁都想买几斤低于市
场价格的新茶。当然，这也要讲关系了。

皖南山区是安徽有名的茶乡。出自皖南的屯绿祁红、
黄山毛峰、太平猴魁、涌溪火青……都是名扬中外的名茶。

我一生有三大嗜好——烟、酒、茶。于是乎，在涌
向皖南的行列里，我当然也不甘落后了。

十年动乱前，每到谷雨，我不仅喜欢往皖南跑，还
喜欢到茶农家去坐坐，听听茶农谈种茶、采茶、制茶、
饮茶的珍闻，我以为这比买茶、喝茶更有意思。

去黄山，一般游客过去都是从前山上山，到北海、观西海门，上狮子林、游清凉台、爬始信峰，然后从后山下山，上上下下，翻越十五里。有一庙名云谷寺，由云谷寺返回前山仍有十五里。因此，云谷寺既是上黄山的必经之路，又是游客歇脚、观景、喝茶的宝地。

云谷寺里，有一个以卖茶为生并因此而发了大财的老和尚。

人为财死，鸟为食亡。老和尚有钱的消息不翼而飞，山里山外，人人都知道老和尚有钱，一场灾难也因钱而降临到老和尚的头上。

1948 年的一个秋夜，突然来了五个蒙面大汉，张口就向老和尚要五千钢洋、三十根金条。老和尚说：

"云谷寺一无田二无地，只靠寺前寺后自栽、自采、自制一点茶叶，哪来这许多钢洋与黄金呢？没有，杀了我也没有！"

五个大汉将老和尚捆绑在佛殿的大木柱上，点起蜡烛，用火烧他。老和尚周身上下，被烧了七十九处伤疤。可他命大，没被烧死。治好伤，老和尚仍在云谷寺为过往游人卖茶。

王小二开饭店——量人对汤。老和尚卖茶，亦是量人沏茶。一般游客，他拿出的茶叶也是一般的；若你是干部，他就拿好茶叶，干部越大，他拿出的茶叶等级越高。但是，他亲手采制的特好茶叶，非知心好友，他是绝不往外拿的。

1954年夏天，我在北海住过五十多天，常去云谷寺游玩。云谷寺虽已破旧不堪，但庙前庙后苍松古柏参天，青竹银树峥嵘，奇峰叠嶂，怪石累累，确实值得一游。可我更喜欢老和尚泡的香茶。每次我一到那里，他都要爬上楼去，拿出他亲手采制的茶叶，泡上两杯，送至井边，与我相对而坐，边饮茶边谈他的身世。谈得最多的还是黄山毛峰。他道：

"你们外路人来黄山，可千万不要买那些路边茶。"

"路边茶？"

"路边，就是在岔路口摆茶摊子、拿在手中大声叫喊'黄山毛峰'的。真正的黄山毛峰是生长在高山上，不是生长在平地。"

"一般人只知买茶，谁去考证它生长在高山还是平地？"

　　"所以容易上当受骗。茶叶……"说着，他回禅房拿出三筒茶叶，问我道，"你看这三筒茶，哪一筒是云谷寺的茶？"

　　我看了好大一会儿也未看出门道来，只得摇摇头说："我认不出来。"

　　他笑了，道："你连高山茶与平地茶都分别不出，朝阳的、背阴的，你就更认不出了，还充什么茶客呢？"

　　"这……"

　　"黄山毛峰有特级和普通之分，也就是高山茶与平地茶之分。特级毛峰生长于海拔700米以上的深山中。"他边说边举手指指云谷寺周围云峦叠嶂的山峰，道，"你看看这些山峰，都在800米以上。由于山高林密，云海雾天，空气潮湿，腐殖质丰，土松肥厚，故而茶树生长健壮，茶叶鲜嫩……"说着，他端起茶杯，送到我面前，道："你看这杯里的茶叶，经开水一泡，一片一片嫩叶，形似雀舌，细扁而微卷曲，白毫显露，色泽嫩绿，泛象牙色,油润光滑……"他放下茶杯,继而又道,"冲泡时,雾气结顶,香气馥郁,滋味醇爽回甜,汤色淡黄清明,多次冲泡而余香犹存。今天招待你这杯茶,是我亲手采制的珍品。"

"我很有幸,能在云谷寺喝到你采制的黄山毛峰。"

"你到黄山来买茶,是紫云峰、慈光阁、桃花峰、半山寺的茶就买,不会吃亏。凡是汤口、芳村、洽舍、杨村等地的茶不要问津,那算不上高山毛峰。"

"可是,卖茶叶的人,都在叫喊黄山毛峰啊!"

他又端起杯子,稍稍晃动一下,道:"你看这杯里的茶叶,全都是一芽一叶,这才是真正的雨前茶。"

"你这是特制……"

"不,毛峰都属烘青类条形绿茶,只有做工粗细之分。鲜叶采回来,分级摊放,随采随制,以烘代炒,干燥均匀,趁热装入白铁桶内,以保持香气。如将一芽二叶、一芽三叶混合一起,连枝也不拣,那都是为着骗人的。"

从此,每到茶季,我不再受骗了。起码我知道,饮茶必须学会买茶。

到了太平，人人都想找到关系，买两斤"猴魁"。如你到猴坑听听当地人说起"猴魁"的起源，那简直是一个神话：

太平猴坑有一凤凰山，山势峭拔，无路可上。每到采茶季节，便有成群结队的猴子来到山上，忙得不亦乐乎，一连数日也不离去。山下的人只闻得山上阵阵清香徐徐飘来，但不知其因。光绪年间，从皖北来了一位农民——王老二，他在凤凰山上垦荒种地，被山上香气所引诱，决心筑路上山。他发现山上长满野茶，甚为欣喜，就率子在海拔 700 米以上的山谷间，挑选高山背阴处栽植茶树。他采制的"猴尖"被誉称"猴尖茶香百里醉"，后来在巴拿马万国博览会上获得金质奖章，于是蜚声海外，成为绿茶之首，故名之曰："猴魁!"

茶的形成是和环境、空气、土壤等自然条件分不开的。猴魁之所以能在万国博览会获得金质奖章，是因它常年生长在云雾弥漫的山中，空气潮湿，土深肥沃，故而生长健壮，芽叶挺直，肥厚柔软，色泽苍绿，宛如橄榄，全身白毫，含而不露。初沏时茶汤清翠，水色明亮，香气馥浓，滋味厚醇，回味香甜，冲泡数次，仍然味美爽口，不可不喝也。据云，如今的猴魁也有假冒。当年猴魁产地，在深山幽谷中不足二十亩，如今猴坑周围太平县境开辟的茶园已有数百数千亩，生产出的茶叶都统称为猴魁。非制茶专家者，谁能分别其真伪呢？

　　唉，可叹矣！

茶之死

陈慧瑛

倘若你是黄叶飘零、空山寂寞的死，谁会记取你的芳名？

也有壮烈而缠绵的死吗？

有的，那便是茶之死。

当初，在青山上，在朝晖夕岚里，她是怎样一位幸运的女儿哟！盈绿的青春，妩媚的笑靥，自由，洒脱……

不也可以选择嫁与东风么？她将舒坦平静地花开花谢，叶落归根……

可她却甘心把万般柔肠、一身春色，全献与人间。任掐、压、烘、揉，默默地忍受，从无怨忧；在火烹水煎里，舒展蛾眉，含笑死去……

她的心中，不也有一滴苦涩的泪吗？这滴泪，却酿就了人世永存的甘甜清芬！

茶呵，海隅天涯，但有人迹处，何人不思君——

倘若你是黄叶飘零、空山寂寞的死，谁会记取你的芳名？

我和茶神

邹荻帆

最引我入胜，而且入迷的，就是到鸿渐
关街一家名"枕巾"的茶馆看皮影戏。

据《新唐书·隐逸》载《陆羽传》，陆羽字鸿渐，是复州竟陵人，传中还说："羽嗜茶，著经三篇言茶之原、之法、之具尤备，天下益知饮茶矣。"于是当时卖茶的，把陆羽的陶瓷像供在灶上，"礼为茶神"。

竟陵就是现在的湖北天门县，原来茶神是我的同乡。我还记得，当我幼年时，每每唱着"功课完毕夕阳西，收拾书包回家去"的歌时，必定于夕阳中经过西城门外一道小石桥，那桥旁还有一块石碑，刻着"古雁桥"。传说有个老和尚名智积的，冬日路过石桥，桥下芦荻萧瑟，群雁鸣叫，并有婴孩的哭啼声。和尚到桥下一看，发现

213

一个裸体的弃婴，卧在滩边，大雁们怕婴儿挨冻，用翅膀为他挡护风寒。于是和尚把他抱回庙里抚养。他当然无名无姓，长大后，他按《易经》占卦，占得"渐"卦，卦辞说："鸿渐于陆，其羽可为仪。"（鸿雁落到陆地，它的羽毛可以用来做舞具）于是用"陆"作姓，以"羽"为名，"鸿渐"为字。

我小学时所走过的石桥，大概不可能是唐朝的石桥，可能是遗址，因而有碑。可桥边是有芦荻的，大雁也时时鸣叫，只是未听到婴儿的啼声。幼时，天门县有西湖、东湖，西湖有西寺，寺后有一个三眼石盖的井，也有人说是陆羽当年煮茶的井。小学时，清明前后有"春季旅行"。所谓"旅行"或者"踏青"，不过是到近郊去，各自由家长准备点食品，吹号敲鼓整队去"旅行"。地点也大体在西湖西寺一带。那时候古竟陵有民谣唱着本地食品特产：

> 东湖的鲫鱼西湖的藕，
>
> 南门的包子北门的酒。

春天藕虽然还没有，但湖中的小荷已如绿梭穿织于湖上。我们去旅行时，总要设法饮那井水一二杯，味甘而清凉。至于所说"南门的包子"，南门就是指街名为"鸿渐关"一带的河街，是以陆羽字为街名的。南门的包子也就是指"松茂"酒家和河街一些饭馆所卖的包子，并非武汉"汤四美"的汤包，也与天津包子不同。其实也不过与北京的肉包子差不多。我幼年家境一般，吃早点多是"炒米""江米粉"或"锅盔"（草鞋烧饼），偶吃一次肉包子，算是打牙祭了，那就得专门到鸿渐关去，拜访以陆羽命名的河街。

我幼年时县城还没有电影之类。最引我入胜，而且入迷的，就是到鸿渐关街一家名"枕巾"的茶馆看皮影戏。茶馆入门在左边竖有一块金字剥落的黑底匾牌，写的是"陆羽遗风"。我那时大概八九岁，在木工师傅们带我去看过皮影戏后，我跟着了魔一样天天都要到那"陆羽遗风"的茶馆去看皮影戏。那些《七侠五义》中的英雄，那些《封神榜》中的神话人物，那些《水浒传》中的绿林好汉，无一不使我魂不守舍，而每夜都想去看。可是，父母哪儿可能每晚给钱让孩子去坐茶馆看皮影戏呢？我徘徊于"陆羽遗风"的牌匾下不能登堂入室，听又听不清，看又看不见，可我多么关心那些戏中人物的活动和命运。烧茶炉（茶炉都设在大门外）的人显然猜透了我是想看皮影戏而没有茶钱，于是叫着说："小娃子，是不是想看皮影？成，你给扇炉子，我到里面给客人冲茶，冲完了，你就进去。"我当然乐于成交，于是拿起扇子，在"陆羽遗风"下扇炉子。以后和烧茶炉的成了相识，每夜去扇炉子，每夜都看到皮影戏。我不但是晚上看戏，而且当我读初小时，用学书纸画了好多皮影戏中的人头，自己学着唱，学着表演。这些有韵的唱腔，对我后来写押韵的诗都起了作用。

我在小学毕业后，因为天门县那时还没有初级中学，便进入黎静岑先生的私塾读书。黎老师是个新派人物，自编有《乡土历史》和《乡土地理》，都是谈本县的事的，近乎"地方志"。我那时学名叫"邹文学"，因我们邹家是以"人文蔚起"排辈，我属"文"字辈。黎老师看了我的学名后，给我取了一个"字"，字"陆泉"。为什么取这个"字"呢？因为陆羽在唐上元初，皇帝诏拜他为"太子文学"官衔，所以也称为陆文学，亦如称杜甫为杜工部。陆文学好饮茶，因此，而给了我字"陆泉"。后来，我也曾用"陆泉"为笔名发表过诗和短文。

虽然从黎老师的《乡土历史》中，知道陆羽著有《茶经》，但在家乡时，以至到家乡解放，我一直都未读到这部著作。但我是常神往于茶神的身世及品格的。《陆羽传》中写着：和朋友们饮酒聚会，他想离就离开，不拘礼节。与人约会，"雨雪虎狼不避也"。他闭门著书，有时独行郊野，拍打树干，按节拍吟诗，"或恸哭而归"。任命他做的官，他都未到任。陆羽在自传中曾谈到他的少年时期，老和尚原想让他出家诵经，但他却想探究孔子的学说。和尚为了教育他，让他干粗重活，打扫寺院，清理厕所，抹墙盖瓦，在西湖边放三十头牛。但是他仍然用竹枝当笔，在牛背上写字，后来还入戏班子唱戏。看来他是背叛佛教的人。

所有这些传记，都使我想一读他的《茶经》。但多年来，我在他乡的书市上都未见到这部著作。当然，我虽也爱饮"龙井""铁观音"，终不是研究茶的专家，也未到大图书馆去查阅。直到 1982 年初，我收到故乡的傅树勤、欧阳勋两同志的《陆羽茶经译注》，这才初读《茶经》。这确实是一本在系统总结前人对茶的利用和研究的基础上，结合亲身经历而写的一本书，这是世界上第一部关于茶叶的专著，对茶的推广、茶的知识的传播都起了巨大作用。

十载茶龄

邵燕祥

> 这种"不见可欲",寡欲以清心的思想,长期支配我成为适应物质和精神双重匮乏的良方。

我于喝茶很是外行,不懂得品高低、咂滋味。

佩服南方人用小盅品工夫茶的情趣,却自愧不能。冬天没有"寒夜客来茶当酒"那份情趣,到了三伏天,暑热中更常常做"牛饮",只有街头喝"大碗茶"的水平。这两年来往的颇有些斯文中人,有时不免表示惊异。

说穿了毫不奇怪。

吃喝两字,喝自然指的是酒。我偶尔沾唇,没有酒量也没有酒瘾。老北京也讲究喝茶,可我喝茶才不过十年光景。

我小时候时常积食，直到上了小学，每到星期天一早起床，父母就先让我喝一碗"泻叶"。泻叶的疗效大约还是不错的，缓泻通便，清热去火。然而其味苦涩。后来见到苦茶，就想到泻叶，渴不思茶，是有来由的。

"少年十五二十时"，步入社会，那时对"上午皮包水（品茶），下午水包皮（洗澡）"的有闲生活方式自然嗤之以鼻。随后还没来得及习学风雅，就不知怎么一头栽进泥淖。一肩行李去接受"改造"，所带茶缸子云云，只是刷牙漱口以至舀饭盛汤之具，并不真的用以喝茶。

麦收时节，赤日炎炎，埋头挥汗，懂得了什么是汗如雨下的同时，也懂得了什么叫嗓子眼冒烟。形势所迫，就伏身附近的死水坑边，用手拨开凝聚漂浮的污物，一闭眼，咕咚咕咚把那水喝下肚里去，地在沧县姜庄子；1963 年大水后沧桑变化，那死水坑自亦不存。

还有连死水坑都没有的连片大田，渴得难耐时，就想起冰棍、冰激凌、奶酪之类，倒并不曾想到热茶。但是旋即反省：这是因为"享受"过冰棍、冰激凌、奶酪，才在这错误的时间、错误的地方作此错误的非非之想。如果从未啜食过冷饮，岂不"心静自然凉"了吗？

这种"不见可欲"，寡欲以清心的思想，长期支配我成为适应物质和精神双重匮乏的良方。那时宣传节约粮食有一联对句："常将有日思无日，莫到无时思有时。"我就常常准备着陷入更艰难的处境。中国之大，什么地方我辈不可能去？若是到了那个去处，你需求的恰恰没有，或是禁制、限量，岂不徒增苦恼？因此不但嗜好绝不可有，生活必需也要尽量偏低才好。

我无师自通的这点处世哲理，到了1966年得到一次验证。那是八月下旬进入名为"政训队"的"全托"宿舍；相隔一床就是侯宝林先生，他保持着多年的生活习惯，除了抽点好烟外，还手持用惯的茶杯（也许是保温杯吧），泡上一杯——自然是好茶。这可招来了"阶级斗争的弦"绷得格外紧的一位年轻"监督员"的斥骂。很难说我幸灾乐祸，因为兔死狐悲，惊魂尚且未定；但是想到我既无烟茶之嗜，也就没有戒绝或降格或可望而不可即之苦，灵魂深处还是有一点自以为得计的。

直到 1975 年冬，也就是距今十年前，生了一场重感冒。感谢医生不见外，说你无非是内热外感，内火太盛，平时经常喝点茶就好了。惭愧得很，人家风雅人是以茶当酒，世俗如我者却是以茶代药，这样开始每天喝起茶来的。在我们这里不管怎么说还是论年资的，于是我屈指也有了十载"茶龄"。平心而论，从去火的角度看，喝这十年茶当是不无功效的；而从品茗的角度看，由于向不钻研，不用心，旁不及采时人的经验，上不通于中古以来的经典，在"茶籍"上还属一名白丁。

　　嗜好多是由年轻时养成的，年过半百，想再培养也难了。但愿今后人们无论老少，都不必在像喝茶之类的问题上瞻前顾后，做"最坏"条件的思想准备。

　　喝茶十年了，谨以此向今后一切饮茶者祝福。

佳茗似佳人

何为

一天的工作也常常是从品茗开始的。

中国的茶文化是一门高雅的学问，品茗乃韵事也。小时候爱喝家乡自制的桂花茶，只觉得甘芳好喝，不知品茶为何事。及长，烟与茶俱来，饮茶也只是因为烟吸多了解渴而已。茶香似不及烟香诱人，尽管有烟瘾者是少不了要饮茶的。吸烟四十余年，现已戒绝五载，总觉若有所失，生活中减少了一大乐趣，这时候茶叶就显得分外重要，渐渐体会到苏东坡诗句"从来佳茗似佳人"的譬喻之妙。

中国的茶叶品种繁多，各取所需，不遑细述。三十年前初到福州时参观茶厂，进入门帘严严的窨制茉莉花茶的工场，骤觉浓烈的花香袭人，几乎令人晕眩。福州花茶名扬海内外，确有齿颊留香的独特风味。不过饮茶总以茶叶自身为上，一切形形色色花香制的茶叶，除茉莉花香以外，余如玉兰花茶、玫瑰花茶、珠兰花茶、柚子花茶和玳玳花茶等等，虽然各有自己的香味和风韵，而茶叶的原味大为减色。《群芳谱》记载："上好细茶，忌用花香，反夺真味，是香片在茶中，实非上品也。然京、津、闽人皆嗜饮之。"至于摩洛哥等国家用中国绿茶加重糖和新鲜薄荷叶子煮而饮之，简直有点不可思议了。

我喜饮头春新绿，这是在清明前采撷焙制的绿茶。狮峰龙井或洞庭山碧螺春新茶当然是佳茗，然其上品殊为难得。五十年代在老作家靳以的家里啜饮龙井新茶，沏茶饷客时，主人说这是方令孺特地托人从杭州捎来的。只见茶盅的边缘上浮绕着翠碧的氤氲，清亮鲜绿的龙井叶片透出一种近乎乳香的茶韵。我慢慢啜饮，冲泡第二次茶叶更加香醇飘逸。那杯堪称极品的龙井茶至今难忘。遗憾的是龙井茶泡饮三次后便淡而无味了。碧螺春比龙井耐泡，新茶上市时，饮碧螺春也是不可多得的享受。这两种茶叶，倘若是极品，历来售价奇昂，且不易得之，即或有那么一斤半斤，多半是用来馈赠亲友的。

入闽后，每年春茶登场，我倒是常有机会以较为廉宜的价格，从产地直接向茶农购得上好绿茶。绿茶不易保存，贮藏如不得法，时间稍久便失去色香味。因此新茶一到，最好不失时机地尝新。试想春天的早晨，一杯滚水被细芽嫩叶染绿了，玻璃杯里条索整齐的春茶载沉载浮，茶色碧绿澄清，茶味醇和鲜灵，茶香清幽悠远，入口后顿感恬静闲适，可谓是一种极高的文化享受。面对绿莹莹的满杯绿色，你感到名副其实是在饮春水。

每一个饮春茶的早晨仿佛是入禅的时刻。

我总认为，福建的工夫茶才是真正的茶道，陆羽的《茶经》便对工夫茶有详尽的记述。烹治工夫茶，茶具以宜兴产者为佳，通常一茶盘有一壶四杯，壶盘器皿皆极精巧，"杯小而盘如满月""且有壶小如拳，杯小如胡桃者"。到闽南一带做客，主人辄以工夫茶奉客。先将乌龙茶塞满茶壶，注入沸水后，加盖，再取沸水徐徐遍淋壶外。此时茶香四溢，乃端壶缓缓斟茶，挨次数匝注于杯内，必使每杯茶汤浓淡相宜。饮茶时先赏玩茶具，次闻茶香，然后细口饮之。这一番过程便足以陶冶性情，更不用说那小盅里精灵似的浓酽茶汤了。尝见一业余作者到省城修改剧本，随身携带小酒精炉和小水壶自烧开水，案头茶具齐备，改稿时照烹工夫茶不误，乍见为之惊叹。据说闽南有喝工夫茶致穷者，也有饮茶醉倒者，可见爱茶之深。不过在我这样的外省俗人看来，一般人家的工夫茶其浓无比，色如酱油，所用茶叶大抵是普通乌龙或色种之类，抿着嘴啜饮数口也就够了。

日本茶道无疑从古代中国工夫茶传过去的。他们有一套繁文缛节的茶道仪式，十分讲究排场，近乎神圣了。在日本家庭做客时，奉侍茶道就随便得多，也简单得多。不论繁简，茶道用绿茶磨研成粉后冲泡的浓茶总是苦涩的。不过若细加品尝，确乎也有几分余甘足供回味。

旅闽岁月久长，尤其是这几年戒了香烟后，对半发酵的乌龙茶家族中的铁观音就更偏爱了。铁观音倒不在于乌润结实的外形，它的美妙之处是茶叶有天然兰花的馥郁奇香，温馨高雅，具有回味无穷的茶韵，是即所谓观音韵。

我生活中的赏心乐事便是晨起一壶佳茗在手，举杯品饮，神清气爽。一天的工作也常常是从品茗开始的。最好是正宗的安溪特级铁观音，琥珀色的茶汤入口清香甘洌，留在舌尖的茶韵散布四肢百骸，通体舒泰，此时以佳茗喻佳人愈见贴切。铁观音真是丽质天生、超凡脱俗、情意绵长、并世无双。

今春从香港带来台湾产的铁观音，取名"玉露"。湖绿色的圆茶罐，用墨蓝色棉纸包裹，衬以带有白斑点的鹅黄色夹层纸，外面的包装纸上是明人唐寅的山水小品横幅，古趣盎然。文字部分力求雅致，说"冲泡与享用佳茗，是一种由技术而艺术、艺术而晋至一种境界的奇妙历程；贯穿这个历程的基本哲理在于一个'静'字。"这段文字深得广告文学的三昧，想想人家真会做生意。开罐泡饮，茶汤呈嫩绿色，茶味中依稀也有几分观音韵。奈何橘枳有别，总不如得天独厚在安溪本土出产的铁观音纯正。据说在台湾类似的铁观音茶叶很多，有一种叫"春之韵"的，这一芳名庶几配得上佳人了。

"从来佳茗似佳人"，确是千古绝唱，此生若能常与佳茗为伴，则于愿足矣。

风庐茶事

宗璞

> 成为"文化",成为"道",都少不了
> 气氛,少不了一种捕捉不着的东西。

袁鹰兄约稿并命题,题曰《燕园茶事》。因思无论什么"事",知其详者还在风庐,乃擅改为《风庐茶事》,以求贴切。

茶在中国文化中占特殊地位,形成茶文化。不仅饮食,且及风俗,可以写出几车书来。但茶在风庐,并不走红,不为所化者大有人在。

老父一生与书为伴,照说书桌上该摆一个茶杯。可能因读书、著书太专心,不及其他,以前常常一天滴水不进。有朋友指出"喝的液体太少"。他对于茶始终也没有品出什么味儿来。茶杯里无论是碧螺春还是三级茶叶末，一律说好，使我这照管供应的人颇为扫兴。这几年遵照各方意见，上午工作时喝一点淡茶。一小瓶茶叶，终久不灭，堪称节约模范。有时还要在水中夹带药物，茶也就退避三舍了。

外子仲擅长坐功，若无杂事相扰，一天可坐上十二小时。照说也该以茶为伴。但他对茶不仅漠然，更且敌视，说："一喝茶鼻子就堵住。"天下哪有这样的逻辑！真把我和女儿笑岔了气，险些儿当场送命。

女儿是现代少女，喜欢什么七喜、雪碧之类的汽水，可口又可乐。除在我杯中喝几口茶外，没有认真的体验。或许以后能够欣赏，也未可知，属于"可教育的子女"。近来我有切身体会，正好用作宣传材料。

前两个月在美国大峡谷，有一天游览谷底的科罗拉多河，坐橡皮筏子，穿过大理石谷，那风光就不用说了。天很热。两边高耸入云的峭壁也遮不住太阳。船在谷中转了几个弯，大家都燥渴难当。"谁要喝点什么？"掌舵的人问，随即用绳子从水中拖上一个大兜，满装各种易拉罐，熟练地抛给大家，好不浪漫！于是都一罐又一罐地喝了起来。不料这东西越喝越渴，到中午时，大多数人都不再接受抛掷，而是起身自取纸杯，去饮放在船头的冷水了。

要是有杯茶多好！坐在滚烫的沙岸上时，我忽然想，马上又联想到《孽海花》中的女主角傅彩云做公使夫人时，参加一次游园会，各使节夫人都要布置一个点，让人参观。彩云布置了一个茶摊。游人走累了，玩倦了，可以饮一盏茶，小憩片刻。结果茶摊大受欢迎，得了冠军。摆茶摊的自然也大出风头。想不到我们的茶文化，泽及一位风流女子，由这位女子一搬弄，还可稍稍满足我们民族的自尊心。

但是茶在风庐，还是和者寡，只有我这一个"群众"。虽然孤立，却是忠实，从清晨到晚餐前都离不开茶。以前上班时，经过长途跋涉，好容易到办公室，已经像只打败了的鸡。只要有一盏浓茶，便又抖擞起来。所以我对茶常有从功利出发的感激之情。如今坐在家里，成为名副其实的两个小人在土上的"坐"家，早餐后也必须泡一杯茶。有时天不佑我，一上午也喝不上一口，搁在那儿也是精神支援。

至于喝什么茶，我很想讲究，却总做不到。云南有一种雪山茶，白色的，秀长的细叶，透着草香，产自半山白雪半山杜鹃花的玉龙雪山。离开昆明后，再也没有见过，成为梦中一品了。有一阵很喜欢碧螺春，毛茸茸的小叶，看着便特别，茶色碧莹莹的，喝起来有点像《小五义》中那位壮士对茶的形容："香喷喷的，甜丝丝的，苦因因的。"这几年不知何故，芳踪隐匿，无处寻觅。别的茶像珠兰茉莉大方六安之类，要记住什么味道归在谁名下也颇费心思。有时想优待自己，特备一小罐，装点龙井什么的。因为瓶瓶罐罐太多，常常弄混，便只好摸着什么是什么。一次为一位素来敬爱的友人特找出东洋学子赠送的"清茶"，以为经过茶道台面的，必为佳品。谁知其味甚淡，很不合我们的口味。生活中各种阴错阳差的事随处可见，茶者细枝末节，实在算不了什么。这样一想，更懒得去讲究了。

妙玉对茶曾有妙论，"一杯曰品，二杯曰解渴，三杯就是饮驴了"。茶有冠心苏合丸的作用，那时可能尚不明确。饮茶要谛应在那只限一杯的"品"，从咂摸滋味中蔓延出一种气氛。成为"文化"，成为"道"，都少不了气氛，少不了一种捕捉不着的东西，而那捕捉不着，又是从实际中来的。

若要捕捉那捕捉不着的东西，需要富裕的时间和悠闲的心境，这两者我都处于"第三世界"，所以也就无话可说了。

茶诗四题

林林

> 茶叶最好是嫩芽的时候，唐宋的爱茶文人把这尖细的茶芽形状，比作雀舌、鹰爪、凤爪、鹰嘴。

通仙灵

1985年，我和袁鹰同志应邀访日，知名的茶道杂志《淡交》主编白井史朗先生，请著有《中国吃茶诗话》的竹内实先生和我们两人出席吃茶座谈会，竹内先生提出中国吃茶与神仙思想问题为座谈项目之一，竹内先生对中日的茶文化、茶文学是有研究的。日本汉诗集《经国集》题为《和出云巨太守茶歌》这首诗，最后两句："饮之无事卧白云，应知仙气日氤氲。"指出饮茶的功效乐趣，飘飘欲仙，可以卧白云了。日本这种带有仙气的茶歌，是中国茶诗随中国茶传过去而受了影响。

唐代卢仝（自号玉川子）的茶诗《走笔谢孟谏议寄新茶》是很有名的，历代相传，有人说"卢仝茶诗唱千年"，诗稍长一些，只摘其有关的句子。他一连饮了七碗，前五各有功效。过后，说："六碗通仙灵，七碗吃不得也，唯觉两腋习习清风生。蓬莱山在何处？玉川子乘此清风欲归去。"接着便表示对采制茶叶的劳动者和广大人民的疾苦的关心，批评为皇帝效劳不管人民死活监督制茶的官吏。诗曰："山中群仙（指修贡茶的官吏）司下土，地位清高隔风雨。安得知百万亿苍生，命堕颠崖受辛苦。便为谏议问苍生，到头还得苏息否？"据云美国威廉·马克斯的《茶叶全书》，把"蓬莱山在何处"以下59字删去，这就看不到卢仝欲乘清风上蓬莱仙境，也看不到他盼望劳动人民能得到休养生息了。

受卢仝茶诗的影响，葛长庚写了咏茶词《水调歌头》，也有"两腋清风起，我欲上蓬莱"。苏轼在《行香子》写有"觉凉生两腋清风"。杨万里《澹庵坐上观显上人分茶》（分茶又称茶戏，使茶汁的纹脉，形成各种物象），写有"紫微仙人乌角巾，唤我起看清风生"。黄山谷《满庭芳》有"饮罢风生两腋，醒魂到明月轮边"，又用白云来表现仙境，他的诗句是"龙焙东风鱼眼汤，个中即是白云乡"。清郑板桥寄弟家书，饮茶又听吹笛，飘然离开尘世，写着："坐小阁上，烹龙凤茶，烧夹剪香，令友人吹笛，作《落梅花》一弄，真是人间仙境也。"从这些茶诗词看来，不但酒中有仙，茶中也有仙了。不过这是文人、士大夫的饮茶情趣。如果农民在田间辛苦劳作，擦了汗水休息时，喝着大碗茶，当然也有乐趣，但这与卢仝"一碗喉吻润，两碗破孤闷，三碗搜枯肠，唯有文字五千卷。四碗发轻汗，平生不平事，尽向毛孔散"，同样是汗，轻重不同，心态也不同。重庆茶座市民在那儿喝茶，摆龙门阵，当然也有乐趣，广东茶座为市民饮茶吃点心，完成一顿愉快的早餐，当然也有乐趣，可是没有到上述文人那样的高，能够两腋起清风，要飞到蓬莱山、白云乡的仙境。

茶的比喻

茶叶最好是嫩芽的时候，唐宋的爱茶文人把这尖细的茶芽形状，比作雀舌、鹰爪、凤爪、鹰嘴，从静的植物变成活的动物，这不是文字游戏，是文学形象，引人入胜，这类的诗词真多，下面列举一些例句：

唐代刘禹锡诗句"添炉烹雀舌"之外，在《尝茶》有"生拍芳丛鹰嘴芽"。《西山兰若试茶歌》有"自傍芳丛摘鹰嘴"。元稹有"山茗粉含鹰嘴嫩"。宋代梅尧臣有"纤嫩如雀舌，煎烹比露芽"。欧阳修称赞双井茶，有"西江水清江石老，石上生茶如凤爪"。双井在江西省修水县，黄山谷的故乡，有人说双井茶因黄山谷宣传而出名。葛长庚《水调歌头》有"采取枝头雀舌"，黄山谷有"更煎双井苍鹰爪"，杨万里有"半瓯鹰爪中秋近"。清乾隆帝也爱饮茶，游江南时节带玉泉山的泉水去烹茶。他有《观采茶作歌》，把雀鹰放在一起了："倾筐雀舌还鹰爪。"其次，枪芽是一芽带一片嫩叶，把芽叫枪叫旗，东坡有"枪旗争战"的比喻句。

茶叶做成茶饼时，宋徽宗在《大观茶论》称它作龙团凤饼，也有叫作凤团的，周邦彦《浣溪纱》有"闲碾凤团消短梦"。有人把茶饼比作"璧"，柳宗元有"圆方丽奇色，圭璧无纤瑕"。杜牧奉诏修贡茶到茶山，看茶工制成贡茶，写有"牙香紫璧裁"。欧阳修诗句："我有龙团古苍璧，九龙泉深一百尺。"卢仝把它比作月，宋人跟着比作月，王禹偁有"香于九畹芳兰气，圆似三秋皓月轮"。苏东坡有"独携天上小团月，来试人间第二泉"，又有"明月来投玉川子，清风吹破武林春"（明月指茶）。元代耶律楚材诗："红炉石鼎烹团月，一碗和香吸碧霞。"

至于烹茶的水开沸时，形状的比喻也很生动。开始沸时称蟹眼，继之称鱼眼，后满沸时则称涌泉连珠。白居易诗句："汤添勺水煎鱼眼""花浮鱼眼沸"；苏东坡诗句："蟹眼已过鱼眼生，飕飕欲作松风鸣"，把烹茶沸水的声音比作松风鸣了。

雪水煎茶

古来有用雪水煎茶，认为是雅事，因此唐宋以来在一些诗词里面便出现这种雅事的句子。白居易《晚起》有"融雪煎香茗，调酥煮乳糜"；又在另一首诗有"吟咏霜毛句，闲尝雪水茶"。陆龟蒙与皮日休和咏茶诗，有"闲来松间坐，看煮松上雪"。苏东坡《鲁直以诗馈双井茶次其韵为谢》有"磨成不敢付童仆，自看雪汤生玑珠"。陆游《雪后煎茶》，有"雪液清甘涨井泉，自携茶灶就烹煎"。丁谓有"痛惜藏书箧（藏茶），坚留待雪天"。李虚己有"试将梁苍雪，煎勋建溪云"，建溪在茶诗常出现，这里注明一下：建溪为闽江上游分支，流经崇安、建阳、建瓯等县至南平汇聚闽江入海。清郑板桥赠郭方仪《满庭芳》有"寒窗里，烹茶扫雪，一碗读书灯"。明初高启（号青丘子）的书斋叫作"煎雪斋"，也许是以雪煮茶。他写作茶诗有"禁言茶"，意思是写茶诗不要露出茶字。此公也写茶诗，后因文字狱被腰斩。

关于烹茶的用水，是要讲究的。陆羽的《茶经》以"山水上，江水中，井水下"，这说明山泉多是地下潜流，经沙石过滤后轻缓涌出，水质清爽，最宜煮茶。欧阳修的《大明水记》，也议论水，写着这样的话："羽之论水，恶淳浸而喜泉源，故井取多汲者。江虽长流，然众水杂聚，故次山水，惟此说近物理云。"他又引一位叫季卿的把水分二十种，雪水排在第二十种。关于雪水烹茶，如季卿的论点，就不能赞美《红楼梦》妙玉多年贮存的雪水了。即《红楼梦》第四十一回《贾宝玉品茶栊翠庵》，写皈依佛门的妙玉，请黛玉、宝钗饮茶，宝玉也跟着去，烹茶用水是五年前收的梅花上的雪，贮在罐里埋在地下，夏天取用的。宝玉饮后，觉得清凉无比。这就使人产生疑窦：烹茶用水，如陆羽、欧阳修所说，水贵活贵清，那么多年贮存的雪水，从物理看来，流水不腐，多年静水，难保清洁，饮茶雅事，也要卫生。又，第二十三回，贾宝玉的《冬夜即事》诗所说："却喜侍儿知试茗，扫将新雪及时烹。"用新雪可能更适当些，不知我崇敬的曹雪芹大师以为然否？

兔毫盏

兔毫盏是宋代流行的美好茶具，斗茶时人们也喜欢用它。它的别名有兔毛斑、玉毫、异毫盏、兔毫霜、兔褐金丝等，在茶的诗词里常见得到。它是"宋代八大窑"之一建窑的产品。据云南宋曾传到东瀛，日本人视为宝物收藏。我曾从《淡交》杂志上看到它的彩色照片。

蔡襄（福建仙游人）的《茶录》称建窑所制的兔毫盏最合用。"兔毫紫瓯新，蟹眼青泉煮。"《大观茶论》也说"盏色贵青黑，玉毫条达者为上"。苏东坡《水调歌头》赞句说："兔毫盏里，霎时滋味香头回。"东坡在《送南屏谦师》，却写作"兔毛斑"。黄山谷《西江月》有"兔褐金丝宝碗"句。

兔毫盏失传七百多年了，现有新闻报道福建建阳县池中瓷厂，把这仿古瓷品制作成功，放出光华。这种瓷杯有着乌金般的黑釉，釉面浮现着斑点和状如兔毫的花纹。又传闻四川省的广元窑也仿制兔毫盏，造型、瓷质、釉色与建窑的兔毫纹相同，很难区别。这真是值得高兴的事。

茶佛一味

施佳

> 建造一座寺庙，如同架设一桥梁，促进
> 茶业不断向前发展。

在我国的茶业发展史上，佛教的作用功不可没。

茶叶由天然采集到人工培植，是茶业初创时的一个转折。首开茶树培植先河的也许就是佛教的僧侣。位于四川雅安附近的蒙山的茶园，是我国最早的人工培植茶园。相传西汉末年蒙山甘露寺的禅师吴理直曾在此栽植茶树，采制茶叶。后来因其品质优异，被列为向皇帝进贡的贡品，蒙山茶也因此驰名。

茶树种植、茶叶焙制的主力，在一段时间内，也可以说是我国寺院的众僧。据《庐山志》记载："东汉时（25—220）佛教传入我国，当时梵宫寺院多至三百余座。

僧侣云集。攀危岩，冒飞泉，竞采野茶以充饥渴。各寺亦有于白云深处劈岩削谷，栽种茶树者焙制茶叶，名云雾茶。"一千多年前，在庐山附近就有三百余座寺院的僧人在"白云深处劈岩削谷"，场面是够壮观的。天台山的国庆寺是我国佛教天台宗的发祥地，这里的制茶规模更大。据说在国庆寺最兴盛时期，聚集了四千多名僧侣，国庆寺的长老派人在华顶山上造了许多"茅蓬"，让众僧在此居住。种茶僧昼出夜归，终日在小块茶园中劳作。"华顶六十五茅蓬，都在悬崖绝涧中。山花落尽人不见，白云堆里一声钟。"从这首诗中可以看出，孤悬于绝壁山顶的"茅蓬"，由寺院的钟声来统一作息，多少有点像近代的"茶林场"了。纵览茶史，唐代以前的二三百年间及唐代以后的一段时期，我国的茶产区主要就集中在佛教盛行的寺庙附近。

种茶经验的积累，制茶技术的改进，寺庙茶僧的贡献也很大。我国历代贡茶，大多出于茶僧之手；四川蒙顶、庐山云雾、天台华顶、雁荡毛峰、武夷岩茶和普陀佛茶等名茶的问世，也都是他们匠心独运，不断翻新茶种的结果。被称为"茶叶百科全书"的《茶经》的出现，更突出地说明了寺院众僧制茶实践和饮茶习俗给茶学以极大的滋养。陆羽之所以能写出这部巨著，固然得力于他离开寺院后对茶业生产的实地考察和多年的苦心研究，但其深厚基础则在于他少年时代的寺院生活。陆羽幼年遭遗弃，为湖北天门县竟陵寺的高僧智积禅师抚育成人，并收为弟子。智积禅师饮茶成癖。陆羽常常为他煮茶，并从他那里学会种茶和制茶。陆羽对茶叶的浓厚兴趣，也正由此而萌发。

佛教寺院对我国制茶业的种种促进，并非偶然。首先，饮茶是佛教僧侣修行生活的需要。茶叶中含有3%~5％的咖啡碱，它能兴奋神经中枢系统，适合和尚坐禅破睡。其次，寺庙一般座落在名山之中，既有适宜于茶叶生长的气候和土地，又有可供驱使的众多劳动力——众僧侣。需要和可能一结合，寺庙附近，种茶业每每首先兴旺起来。从公元前二年西汉哀帝时佛教传入我国开始，由南北朝到隋唐，佛教发展到鼎盛时期，我国的制茶业也迅速发展。那时，建造一座寺庙，如同架设一桥梁，促进茶业不断向前发展。在我国，佛教传入、兴盛的历史，也是茶业日益发展、饮茶习俗日益普遍的历史。对此，有人称之为"茶佛一味"。我想在自然界有众多的共生体，它们相依为命，共生共荣；佛教与饮茶，作为两种文化现象，当然不能简单地与之相比，但是不是也有这种"共生"的情况？"茶佛一味"这种现象，是很值得专家们细细研究的。

香港茶事

〔香港〕柳苏

潮州人的工夫茶就可以说是中国的茶道。

西方人家有客来，一定是送上一杯酒；中国人家有客来，一定是送上一杯茶。我们大可以说茶是中国的，虽然日本人很讲究喝茶，而且还有很讲究的茶道。

中国人当中，很讲究喝茶，而自有茶道的，是潮州人，潮州人的工夫茶就可以说是中国的茶道。

广东一般人也讲究喝茶，上茶楼喝茶。广东城乡的茶楼之多，是别的地方少见的。

香港以前属于广东(1997年归还中国以后成为特区)，处处有着广东特色，生活上，人们也一样有喜爱上茶楼喝茶的习惯。

喝茶，在广东人口中是说"饮茶"，喝汤是"饮汤"。

上茶楼自然是去"饮茶"了。

但主要又不是"饮"而是吃，大吃各色各样的点心。

香港的大街小巷，有着大大小小的许多茶楼。大的叫楼，小的叫室，也有风雅一点叫茶居、茶寮的。广州有有名的陶陶居，香港有名气不小的翠亨村茶寮。

酒店、饭店也可以"饮茶"，著名的大酒店如香港、半岛、丽晶、文华、希尔顿……但全都是大旅馆，却无一处不有茶厅、茶座，有的是供应中茶，有的是西茶，有的是中西俱备。不是旅馆的酒店、饭店、酒楼、酒家，当然更有茶可饮了。

反过来，茶楼也一样卖饭菜，开酒席，并不是纯吃茶。翠亨村茶寮其实是酒家。

说到纯吃茶，香港的茶楼就没有这份纯情，总要吃点心，而且主要是吃点心。这是"百粤古风"。

"饮茶"有"一盅两件"的说法。这是较简单的吃，一盅是茶，两件是点心。广东人把盖碗茶叫"盅"，尽管现在一般很少是盖碗茶而用无盖的茶杯，但"一盅两件"的说法还是存在。两件点心大体是虾饺和叉烧包。有些广东人说，上茶楼而不吃虾饺和叉烧包，就算不得饮过茶。和虾饺并称的是烧卖（大约就是北方的烧麦），不吃虾饺也总得吃烧卖吧，而往往是并吃，这就成了一盅三件。"一盅两件"只是最低消费的意思，当然，还有更低的只喝茶而不吃点心的，这样的情况很少很少。茶楼对这一类（恐怕少到不能成类只是偶一见之）的茶客，要加以"净饮双汁"的惩罚，只饮不吃，加倍算茶钱。真正的净饮是连茶叶也不要，只喝白开水："来杯玻璃"——"玻璃"是白开水的代名词，由象形而来。没有人去"净饮玻璃"，只不过喝茶以外加料，加一两杯开水而索取"玻璃"罢了。

上茶楼的人限于"一盅两件"的很少，总会多吃一些，因为多半是为吃而来。"饮茶"有早午晚之分。早茶就是早餐，午茶是中饭。现在的茶楼酒家很少还卖夜茶，晚上做的是宴会生意，这才能多赚钱。早餐也好，午饭也好，总是要吃饱，两件点心就未必能满足饥肠。

只是点心，也未必都能吃得饱，还有粥粉面饭供应。甚至于还有酒菜供应。说甚至于，是因为粥也好，粉也好，面也好，饭也好，都不是"白"的。粥有皮蛋瘦肉粥等等；粉有胡椒牛河等等（河是一种宽条的米粉，河粉的简称，更是沙河粉的简称，沙河是广州以出产米粉著名的一个小镇，牛河就是牛肉炒河粉）；面有牛腩面等等；饭有叉烧、烧鹅饭等等。吃这些，就不必另叫菜了。

但也有"饮茶"却以叫菜为主的，点心只是陪衬。那实际是请人家吃饭，不过简便一些，不是正式的筵席而已。甚至于点心也免，不要。

香港人应酬多，商业上的，一般亲友间的，除非是正式宴会，往往就用一顿午茶或午饭解决。这可以节省一些，不但省钱，也省时间。一顿晚饭，可以吃两三个钟头；一餐午茶或饭，一个多钟头也就足够。午茶是有下限的，下午两点，大家都要去上班，宾主就是不尽欢，也得散，因此不怕做客人的恋栈了。

每到星期天或放假的日子，"饮茶"又往往成为有孩子的家庭的一个节目。香港地方小，可以去游玩的所在总嫌不够，最容易安排的节目就是一家大小上茶楼。有吃，小孩子不会不欢迎。说是容易，其实也还是不容易，节假日上茶楼的人多，茶楼的座位却不会比平日多，要取得一席之地往往很难。平日茶楼相熟的，预订留位还好，要不然，就难免要受罚站之苦，等候人家离去，才有你的座位。有些服务周到的茶楼，设有专门的椅子给客人坐候，轮唤而进。这时候就成了一茶一饭，当思坐处不易。

一般茶楼，平日客人已经不少，节假日更"爆棚"（满座），热哄哄，闹纷纷，是应有之景，这样的"极视听之娱"，自然是谈不上什么情趣的。好在上茶楼的人也不是去追求什么情趣的，不过为了满足口腹之欲罢了。要情趣，一些喝西茶的地方也许还有，沙发的座位较宽，布置较雅，音乐较轻，灯光较柔和。喝的往往是下午茶。茶或咖啡，一块点心做点缀，这时倒真是以茶为主，取得片刻的轻松。如果是郊野或海滨风景之地，白天当然无须什么灯光，可以欣赏的有自然风景，这当然更好，也当然更不是一般人轻易可以得到。

较大的茶楼总有三五层。每层一二百张桌子，容得下一千以上的人。五层的话，就应是六七千人共聚一楼了。

一般的点心总有一二十种可供选择。咸甜齐备。咸的如虾饺、烧卖、叉烧包、粉角、芋角外，还有猪肠粉。把米粉皮包了叉烧、牛肉之类蒸了吃，包得就像一节猪的大肠。有凤爪，就是鸡脚。甜的马蹄（荸荠）糕、马拉糕（我也不知"马拉"何意）、蓬莱包、蓬莱粽等等。一种咸的粽叫作糯米鸡。还有红豆沙、芝麻糊。这些都富有广东特色。西点如布丁之类也吃得到。可以说得上是多彩多姿。

以前是"吃在广州"，近年已经由"吃在香港"取代。以前是"饮茶"之风盛行于广东，现在也是香港有过之而无不及。饮食文化是由经济来决定的，随经济的发展而发展。

"饮茶"，本来是茶为主，像这样的"饮茶"实在是喧宾夺主，茶客之意不在茶，而在乎咸甜点心之间，粥粉面饭之间。这里写的因此也很少在茶上着墨。"从来佳茗似佳人"，这就实在有些唐突佳人，罪过罪过了。

如果不在最后补上这一笔，也是不免罪过的。在香港的红棉道，有一间规模不大的茶具博物馆，名气却比较大。里面展出的是中国的种种茶具，从古到今都有，而以著名的紫砂壶为多，这是出于明清名工大匠之手的名壶，如时大彬的作品之类。这是一位私人收藏家捐献出来的，公家拨了一座屋子做馆址。这样的博物馆不仅在香港是独一无二的，在全世界据说也绝无仅有，使香港的茶事为之生色，自不待说。这一笔可真少它不得。

谁来开家茶馆（外一题）

柳萌

> 最早知道的故事，最早懂得的人情，许
> 多是从茶馆听来的，比书本上的文字都记得
> 牢。

倘若有钱有房，我真想开家茶馆。一家普通的茶馆。名号不见得响亮，陈设不见得讲究，有座位能聊天，少掏钱能喝茶，我看就可以了。关于演出节目、供应点心，那倒大可不必了，反正不想赚大钱。只是客人待的时间，不要限制，一定要让人家喝好聊透，尽兴而归，有机会还思谋着再来。

萌生这样的想法，还不是现在，总有两三年了，只是这些天，比过去更强烈。有时在甜美的梦中，听到"茶来啦"的喊声，脸上常会绽出微笑。醒来才知道这是做梦。

人说梦是白天的思念，这样解释我的梦，大体还算说得过去。

那么，放着许多赚大钱的营生不做，干吗偏想开家茶馆，而且开的是家本小利薄的茶馆呢？是不是耐不住生活的寂寞，抑或是经不住商海的引诱？其实，都不是。理由很简单：朋友相聚，有个地方。

我这一生，可夸耀的事情，几乎没有。唯一可自慰的，那就是朋友比较多，而且很有几位称得上是真正的朋友。这几位真正的朋友，既不是什么大款，更不是什么大官，都是同我一样，一辈子在纸格子上讨生活。我之所以说他们是真正的朋友，是因为在几十年的交往中很少走样儿，即使是在我头戴"右"字荆冠以后，他们也从无歧视和怠慢。在过去人心处处设防的年月里，人与人的交往能做到这个份儿上，难道还不是真正的朋友吗？

这几位朋友的心地，无疑是纯净的，很少存有功利，因此，尽管不是经常滚在一起吃吃喝喝，最多不过偶尔借助电话问候一声，但是彼此的情感还是相通的。可是这会儿毕竟都有了一把年纪，总想找个地方，大家凑在一起见见面。按说这是很容易办的事情，只是一旦真办起来，往往并不那么随心所欲，首先这个地方就难找到。

要说地方，这会儿的北京，还是蛮多的，豪华气派的有宾馆，花木葱茏的有公园，总可以自由选择吧。从事实上讲，这话大体没错，倘若真的选择时，像我这辈的人，就要犯难了。在大宾馆喝茶是论杯的，坐上半天儿，一个月的工资就交待了，我们中有谁敢做东？更何况也不习惯那种环境。找家小公园坐坐，门票倒也不贵，只是这会儿的公园，早没有了往日的幽静，人多得简直像个市场，自然也不便闲谈。适合朋友相聚的地方，说真的，这会儿还真难找。

要说茶馆，北京也有几家，其中包括赫赫有名的"老舍茶馆"。我沾别人的光，去过一两次，总觉得不够味儿，有点像洋人穿长袍，看着就不舒服，更何况那里的茶钱也不贱。说句不受听的话，这种现代化的茶馆，只适于看，不适于泡，更谈不上浓郁的茶馆情趣。我至今没有去过成都，听说那里的茶馆还是"原汁原味"的，我相信那才是普通人休闲聊天的好去处。

小时候在北方的县城生活，没有什么好玩的地方，喜欢热闹的少年人，唯一的去处，就是镇上那家简陋的茶馆。有时放学回家路过茶馆，跟几位要好的同学走进去，把沉甸甸的书包往长桌上一放，要一壶茶水，边喝边听说书，久而久之竟同茶馆有了缘分。最早知道的故事，最早懂得的人情，许多是从茶馆听来的，比书本上的文字都记得牢。至于艺人们说书的神态，茶客们聊天的氛围，那就不光是没有忘记了，而是闭上眼睛一想就如身临其境，那生活的情味儿依然飘香。

　　连我自己都觉得奇怪，几乎成了条件反射，即使是现在，只要是说到"茶馆"这两个字，我立刻会联想起，那写有"茶"字的招幌，那呜呜作响的茶炉声，如同一位热情好客的老朋友，微笑着老远地同你打着招呼。那股亲切、温馨的劲儿，不由你不迅速地移动脚步。这就是我记忆和眷恋中的茶馆。

　　我若真能开家茶馆，绝不学北京这几家。地点可选在有水有树的地方，给茶客营造个幽静的环境；陈设不要怎样豪华讲究，有桌有椅能舒适地交谈就得。价钱一定要让一般人能掏得起，时间一定要长得把釅茶喝淡了不再续。总之，这家茶馆要充满舒适、温馨和人情味儿。

当然，这只是我的愿望，既无钱，又无房，我怎么能开成茶馆呢？我倒想在此建议某些商家，不妨这么试试，开一家平民化的茶馆。说不定真的火爆起来。

要是有朝一日，北京城有了这样的茶馆，千万可别忘记告诉我。我倒不是想索取创意费，而是邀请几位朋友，到那里好好地喝喝茶聊聊天。要是老板想到我出过主意，优待我少掏几元钱，我想我也不会拒绝。那就先谢谢了。

饮茶聊天儿

只要有机会同朋友一起饮茶聊天儿，我就有了精气神儿。

说起来怪可怜的，活了大半辈子，几乎没有什么嗜好；如果非要勉强地找出点来，同朋友一起饮茶聊天儿，就算是了。

饮茶聊天儿，人皆如此，生拉硬扯地同嗜好攀亲，似乎有点儿牵强。在那些集邮、钓鱼、搓麻、饮酒的玩家眼里，我这点所谓的嗜好，简直是笑话，充其量不过是粤菜馆里的小菜一碟，根本摆不上正席的台盘，让人先占占嘴罢了。倘若把尺度放宽点儿，这饮茶聊天儿，算作我的生活爱好，我却还真的不敢承认了。因为，一来我品不出茶的好坏新旧，二来我无渊博的知识可聊，仅仅是凑趣儿消磨时光而已。真的，真是这样。

那么，既然如此，又何必郑重地以此为题来谈个人的生活爱好呢？原因很简单，在过去那些荒唐的年代，就连这点算不上正儿八经的嗜好，我也不曾无拘无束地享受过。

我被打上"右"字钤记之前，很有几位谈得来的同龄人，都是无牵无挂的小光棍儿。每逢闲时，几个人聚在一起，守着一壶清茶，谈论些写作上的事，兴致来了，也许掏钱买点糖果助兴。谁知反"右"开始以后，有人汇报上去，说我们是小集团，类似裴多菲俱乐部，于是便轮番审问催逼交代。可是这是根本没有的事儿，我们总不能瞎编乱造啊！经过一通内查外调，实在形不成"罪恶"事实，这件事最后也就不了了之。定我"右派分子"时，只好从别的方面凑材料，这样才把我压"服"，在不敢"乱谈乱动"的环境里苦苦地熬过"敢想"的二十二个春秋。

　　成为"罪人"以后，尽管我仍有饮茶聊天儿的想望，但也只不过是悄悄地想望罢了，那时根本没有半点儿实现的可能。自己不想给别人找麻烦自不必说，首先是有谁敢跟"右派"聊天儿呢？那岂不是自己找不自在！所以在漫长的二十几年岁月里，我只是自己端杯茶卖单儿，在默默的回忆中重温有过的饮茶聊天儿乐趣。偶尔见别人在一起饮茶聊天儿，又躲不开，我也只能作为旁听者，远远地支着耳朵听，从来不敢接声搭调，即使这样，从别人的欢乐中感染的一点喜悦，我也就很满足了。

　　正是因为有过上边说的那些经历，在我重新获得饮茶聊天儿的权利以后，我就特别愿意参与朋友之间的聚会，并且作为个人的爱好极为郑重地保持着。只要有机会同朋友一起饮茶聊天儿，我就有了精气神儿。如鱼在水中遨游，如鸟在天空飞翔，身心都会感到无比轻松畅快。我的这种轻松和畅快，有的人也许不理解，甚至于觉得过于卑微，然而对于经过生活磨难的人，我想就会格外地珍重。

现在，在更多的人可以尽情地玩这玩那的时候，我自然是很羡慕的，更为自己无条件从头学会玩乐惋惜。可是一想起那些连"饮茶聊天儿"都险些定罪的年月，我又不能不为今天感到欣慰，那在我的生活里中断许久的小小嗜好，毕竟又回到了我的生活里交往中。失而复得的事物和情感，有时比最初获得更有醇浓的意味，因为它是经过万般挫折的。如同一团揉透了的湿面，总是给人一种醉人的芳香。

如今，像我这样年岁的人，早没有了玩时髦花样儿的兴致。可是也不能老是枯坐和苦读，总想挤出点时间松弛一下自己。想来想去最感兴趣的，还是饮茶聊天儿，这也更符合自己的性情。清茶一杯，漫天神聊。还有什么比这更悠闲自在？我期待着有更多这样的时辰。

茶小纪

郭风

> 我似乎总想在随意中，求得生活的平安，并借此减少无谓的苦恼？

袁鹰兄受出版社之托，主编一册有关专写茶文化的散文集《清风集》。他的征稿信是一篇饶有我国小品文传统趣味的妙文。百年之后，或可成为有关茶文化的文献，也未可知。这且不细表。我想引录其中的几句话：

自古以来，茶，与柴米油盐酱醋并列，成为"开门七件事"之一，生活中可以无酒，不可无茶……

从中可以看出，袁鹰兄尊崇者，似为茶君子，而非酒君子？不过，以上云云，只是个人读了征稿信之后，偶然想到而已；这种个人的无端联想，或许与茶文化毫不相关；只是我既想到，不妨写下来。

随意

我不会喝酒，说句不怕见笑的话，我连啤酒都喝不来，实在是一位毫无酒瘾的君子，或者说是一位不知酒为何物、醉有何情味的君子。至于茶，至今还是每日泡一壶茶；可是，则未必是一位茶君子。福建产茶，出名茶。我却什么茶都能泡一壶，斟入茶盅中，喝得津津有味。看来，我是一位平庸的老人。不论穿衣、住屋，都不知讲究，在喝茶方面，似乎亦如此。看来，我似乎总想在随意中，求得生活的平安，并借此减少无谓的苦恼？

幼年喝茶

我的喝茶历史，可以追溯至幼年时代，不过，所谓幼年喝茶，恐怕也只有那么一次而已，但却是至今难忘的一次喝茶。许多情景俱已淡忘。记得是一日夜间，因天寒家门已闭，其时，母亲大约尚在如豆的煤油灯下做女红。我是在酣睡中被叫醒的。因母亲扶我起身，并要我围着棉被坐在床上，随着一盅茶递到我面前说：

"五叔公给我们送来一杯铁观音！"

当时，五叔公（祖）是我们大家庭（虽已分房）里威望仅次于族长的前辈，清末拔贡。当时，我们大家庭里有一座祖遗的小花园，内有假山、池、阁、花木。孩子们喜欢在园中玩耍，但往往是躲着五叔公，暗中来到这座小花园。因为，如果遇见他，往往遭到训斥（他可能担心我们毁坏花木）。但他又常常买些糕点，通过各户的家长，分发给孩子们，以至我们敬畏他，又觉他是一位仁慈的老人。

　　我从母亲手中接过茶杯。只觉得是热的，杯中散发一种从未闻过的淡香，出现一种为我未曾见过的、透明的、流动的琥珀色。我一口喝下茶，只感觉有点苦味，有点清爽，又出现一点甜味……这种幼年初次喝茶所得的幼稚的感觉，至今想起来，仿佛还能在我的诸感觉器官间重新出来。

　　我家和祖遗的小花园相邻近。记得，那天晚上，我还听见五叔公和他的一些朋友在园中吟诗。当时，我六岁。

虎跑喝茶

晚年喝茶，印象较深者，当推一次在虎跑喝茶。八十年代初，有一次路过杭州，当地二三作家友人，约我同游西湖。包括访断桥和苏堤、白堤，访放鹤亭、西泠印社、花港观鱼。起初游兴甚浓，其后又访灵隐寺、岳王庙，已感疲乏，游兴锐减。最后到了虎跑，坐在座位上时，更觉全身无力，甚至暗中心生悔恨之意。及至服务员端来茶具，并在我座前斟了满满一杯龙井时，我竟不假思索，一口饮下；随即自斟第二杯，第三杯，更是旁若无人，一口饮下。龙井为名茶，虎跑出名泉。本来，似乎应该细细啜饮，细细品尝，却不料我可能单纯因为生理上的需要，竟一如酒徒之于酒，只顾牛饮，而不自知从容而喝下来，至今想起来，当时竟不知所饮茶其色如何，其味如何，但觉饮后，渐渐地，口中津津然，渴意无有；又慢慢地，四肢爽然，如有所释然，劳顿无有。这一次喝茶，也可以如是说：最主要的印象，看来是它的药物作用，以及它对生理上的一种积极效应。

东坡曾在虎跑喝茶，有诗云："道人不惜阶前水，借与匏樽自在尝。"一种出尘自在的清境之感受，余不能言，无从说出来。

野人饮

七十年代初，挈妇将雏，旅居于闽北一小山村。得自留地一小块，乃协助夫人种四季豆、菠菜以及苦瓜等。此自留地在一小山溪畔，原来垒以石头；年久，石头上发出苔藓、地衣；石隙间生出一小树，仅二尺许，其状古拙。我不知它是什么野树，随便问了夫人。她幼年时曾在莆田山区故家住过一段日子，乃告我："茶树！"记得它还曾著花若干朵，若白酒杯，使我惊喜不止。后来，我才知道旅居所处的西源垄山崖间，尽生野茶树。西源垄有一独户山民，夫妇自采茶，自焙茶，并养鸡。因为我的夫人曾向他们买过鸡蛋以及茶叶，所以相识。记得当时一元人民币，可向他们买得九颗鸡蛋，二元人民币则得一斤茶叶。他们把所得人民币，用以在供销社换取盐、火柴等日用品。客居屋后有泉自崖上流下，我的夫人煮泉为我泡茶。其色浅绿，饮时啜现涩味，又有青草的香味。

有时参加田间劳动，归后沐于山泉之下；沐毕，取出茶壶，自壶口直把茶水灌入肚子内，颇解渴，自嘲曰作野人饮。

一日，在大队供销社门口，偶然遇见西源垄那位独户山民，向他问及还有茶叶卖给我否，他一时显得有些惶恐的样子，向我摇手，又用手掌作菜刀状，在屁股后作切刀状，又一再摇手。我向他微笑，做不在意状。老实说，他的哑语，我能领会，即叫我不要声张。因为当时自山间采野茶，自制茶叶卖给客地人，乃是生了资本主义尾巴的表现，大队干部要过问的。

茶洞·"大红袍"

七十年代初，某年初冬，访崇安县，顺道游武夷山。从桂林大队一古道入山，先访水帘洞、鹰嘴岸等，又沿九曲溪岸上陆行，以观武夷水，以观大王、玉女、天游诸峰。其时，四妖仍在横行霸道，民不堪其扰，山中几无游人。坐竹筏沿九曲溪下放，从水上观水观山的传统而独特的游览方式不免停用。陆上所经山径古道，往往蔓草侵胫，所以山间颇见凄清。不知怎的，我和陪我同游的一位刘姓年轻人，抱着一部从县文化馆借来的《武夷山志》，按着志上木刻地图所示，执意要去看一看茶洞和名茶"大红袍"的所在地。茶洞不过是武夷山西面的一个岩隙，我们到时，只见洞内幽明，有野竹、野树、山泉；闻宋明均有名士卜居于此。它之所以称为茶洞，因传闻武夷之第一棵茶树，就生于此。我们到时，见不到茶树，但隐约可见古人筑屋于此的遗址。至于大红袍，则是三棵古茶树。生于古御茶园北面一座山岩的近半山处。奇在于古；奇在于全山仅有此三树；奇在于它们既生于半山处，有山泉断续滴落其间，有山雾时或飘游其间，有山风时或经过东面的岩隙吹来。这三棵古茶，年产若干两（不是斤），历代皆为贡品。有若干玄乎其玄的传说，譬如说，只在茶杯内放一叶大红袍茶，泡开后，把一粒饭送入杯中，立时消化，等等。以其珍贵无与伦比，天下人谁能尝此名种？无从对证、核实，所以此传说仍然流传。我们来时，只见岩前搭一小木楼，上住民兵，我们只远远看了那三棵古茶树一下子，自度其不可久停，乃折返。

擂茶

八十年代初，某年暮秋，访将乐县。将乐，因玉华洞以及为杨龟山先生故里而闻于世。将乐的友人好客，约我到他家中喝茶，擂茶者，看来是民间（特别是山区民间）的一种古老的家庭饮料，原料主要当是芝麻，我没有看到制作的全过程。只见友人家里的妇女们，当日都穿上整洁的衣服，在客厅后面的厨房里制作这种饮料。友人为了使我更为了解情况，特地请他的嫂嫂取出制作的器具，并当场操作一小会儿。我才知道：把芝麻等放在一个小石臼内，然后用一木棒不停地在臼内捣，并加水，芝麻捣成糜浆。捣，当地称为擂，那木棒是由茶树的茎做的。捣时，或且说擂时，茶茎也同时被捣出（擂出）细末，渗入成为糜浆的芝麻内。把臼内这芝麻和茶茎的细末所融化的浓汁放进茶炊内煮开，便可饮用了。

我在将乐友人家中喝擂茶时，座前还摆上几碟传统的糕点，如此，随意品尝擂茶，吃糕点，闲谈。据友人云，擂茶是山民款待客人的珍重礼品，其实也是山民的一种防治疾病乃至保健的传统饮料，不知已有多久历史了。他还具体说明，饮擂茶，可治瘴毒、痢疾。至于我，当日似乎还在友人家中，感受到一种民俗文化源远流长的遗风的气氛，既亲切又别有趣味。

1984年初秋，有湘西北之旅。其间主要经张家界。归途中，访武陵之桃源洞。庙中道人飨我以擂茶和传统茶点。道人告我，擂茶可防治山地瘴气之毒。

新茶陈柴山泉水

高光

> 先是觉出水质的醇厚甘美，尔后是一缕
> 缕又像兰花又像橘子花的馥郁，再后是橄榄
> 般回味无穷的淡淡苦香。

家住西子湖畔，对于嗜茶成癖的笔耕者来说，算得上近水楼台的福分。

在举世闻名的龙井茶故乡，更有迷人的西湖风光，虎跑的矿泉琼液，满觉陇的金桂飘香，为绿莹莹、香悠悠的茶叶增色助兴，愈加妙不可言。

我曾长期从事报纸工作，终日伏案，通宵达旦地做夜班，加以自幼厌恶烟酒，别无选择，便与茶缔结了不解之缘。一杯清茶在手，终日形影不离。即便在坎坷泥泞的岁月，也不曾借助杜康化解忧虑；更不想"飘然欲仙"

（谚曰"饭后一支烟，赛过活神仙"）；只需苦茶一杯，顿觉神清气爽。

过惯了粗茶淡饭生涯，白日苦短的节奏，因而对"不可一日无此君"的饮茶之道，我未能做哪怕最粗浅的探究。

当然啰，身在"丝茶之府"，人人都能享用的品茶乐事，我也不肯放过：龙井茶乡尝新，云溪竹径清饮，品味虎跑浮得起硬币的矿泉冲茶，吮吸着满觉陇金桂的香甜细细啜饮。

然而，最使我难以忘怀的，却是在一座人迹罕至的高山上，牛饮山农的云雾茶。

那是在史无前例的动乱年代，1974年夏天，我参加了绍兴地区人民医院医疗队，到新昌县山区巡回医疗（七十年代初，林彪党羽认为我是"危险分子"，必须逐出杭州，令我改行去绍兴当中医）。医疗队多次接到镜岭区最高最险的龙潭背山民的邀请，便在七月中旬的一个凌晨，轻装整队，向高山进发。

上午，盛夏的骄阳在头顶燃烧。我们攀登在崎岖陡峭的羊肠小道上，心悬腿颤，大汗淋漓。幸而时有许多不知名的山花，遮径拦路，扑面相迎，奇异艳丽，逗人喜爱。眼科、儿科的几位女医生，惊喜不已地连连采撷，人人怀抱着一团五彩缤纷，仿佛忘记了炎热和劳累。

爬到山半腰，转过一座令人心惊胆怯的峭壁，猛抬头，大家不约而同地欢呼起来。只见几十株参天巨松，如同顶天立地挥舞千百条虬龙的巨人，屹立在高高的悬崖上。比著名的黄山松还要奇伟壮观，仪态万方。历经"大跃进""大办钢铁"等劫难，这些双人合抱的大树得以幸存，人们突遇奇迹，怎能不欢欣雀跃！

俗性难改，孽根未除。顶着"黑笔杆"帽子的我，又禁不住暗自吟哦，得《台城路·咏松》一词：

昂首扶摇傲九霄，悬崖小试身腰。手挽新月，顶沐朝阳，歌声似钱江潮。冰封雪覆，千年兴致好，绝无烦恼。借问鹏鸟，云程万里乐否？

苍海连天浩淼，悦耳云水吼，怒涛长啸。狂风梳发，骤雨净面，严霜浓施香膏，风姿更娇。笑毒蕈命短，墙草风摇，偏爱红梅俏。

好景不长，剩下最艰险的一段路程，下午却骤起狂风暴雨。后退吗？"上山容易下山难"，便何况风雨如磐！只有横下一条心，拼命爬上去！

我们身穿厚重的雨衣，背着药箱，相互挽扶牵引推送着，一步一滑地往山顶攀登。头脸上大雨瓢泼，雨衣内汗流如注，喉咙里干渴得冒火。我不时地仰面张口，接些雨水润喉。此时此地，不消说来一杯清茶，就是一杯冷开水，也是雪中送炭，酷暑献冰，最高的礼遇，最美的享受了。

狂风怒吼中，忽闻急切的呼喊声。向导兴奋地告诉大家：怕我们迷路，乡亲们下山迎接来了，于是，由队长带头，我们齐声敞开嗓子喊叫："我——们——在——这——里！"

乡亲们从中饭后，就守候在岔路口，迎接医疗队。这个海拔近千米的四十几户人家的山村，1949 年以来还是第一次看到城里来的医疗队。

门诊室就设在村内最宽敞的茅舍里。古拙的木板墙壁，因年代久远而变得乌黑。厚厚的草屋顶，屋檐几乎披到地面。我们走进去，顿觉凉气清肤，如入毛竹林和古溶洞中。

房东大妈用青花粗瓷大碗，早给我们备好凉茶。我像一头渴极的牛，一口气吞下两大碗。放下茶碗，才慢慢品出凉茶的出人意料的韵味。

先是觉出水质的醇厚甘美，尔后是一缕缕又像兰花又像橘子花的馥郁，再后是橄榄般回味无穷的淡淡苦香。如此解渴提神润喉爽口清心驱暑慰情悦性醒脑开窍的香茶，我还是平生第一次受用。

我好奇地端起青花大碗，仔细鉴赏碗中茶片。每支只有极嫩的两叶，色泽碧绿，有一层极细的白茸毛，茶叶的质地比龙井茶肥厚。

向导见我看得出神，凑过来讲解：这是野生的云雾茶。只有龙潭背能采到。今天吃的是清明节以前采摘的嫩芽，数量极少，房东舍不得吃，珍藏着招待上宾。原来这碧绿清香的嫩叶之中，饱含着山民如此纯厚真挚的情意！

喝足了凉茶，微消劳顿，大夫们个个情绪振奋，急于铺开摊子开诊。乡亲们喊声"莫急"，又端上刚刚采摘挖掘的香玉米、肥润甘滑的芋艿，热气腾腾，嫩香四溢，令人唾涎欲流。女大夫们很少尝到如此鲜美的野味，一个个如获珍馐，大啃大嚼，津津有味。饱食嫩黍肥芋之后，再细饮龙潭云雾茶，别有一般滋味在口头，别是一般滋味在心头。

我坐在屋角，独自默默回忆西子湖畔的龙井遗韵。如果说在杭州细品龙井茶，宛如低吟唐人杜牧的"二十四桥明月夜"，欣赏提琴协奏曲《梁山伯与祝英台》，当我干渴至极豪饮龙潭云雾茶时，便是高唱白居易的《卖炭翁》《琵琶行》，谛听贝多芬的《命运交响曲》了。

在饮茶中间话桑麻，乡亲们的话头很快转向祸国殃民的"四人帮"。男女老少异口同声咒骂江青是妲己、白骨精。医疗队长慌忙劝止，黑瘦精壮的生产队长却冷笑道："怕个卵！巴不得都抓进去，牢房里不愁旱涝，总有饭吃。"我骤然感到，自己的心和山农的心紧紧相贴。最偏僻闭塞的小山村的民心，给我平添无穷的信心和勇气。

这一天，我们从下午三时开始，精神抖擞地为山民诊治各科疾病，一直忙到深夜。为十几位老人磨治砂眼和针拨白翳，给众多尿道炎、宫颈糜烂患者讲解妇科卫生并配给药品。我自己最满意的，是用中药代替外科手术，挽救了一位肠梗阻患者的生命。

山村夜阑人静，空气清冽。在我躺卧的竹榻旁，大瓦罐里依稀散发出龙潭云雾茶的清香。我又来了精神，得《破阵子·高山巡回医疗》一首：

晓行岩云沾衣，暮归山花遮径。新茶陈柴山泉水，肥芋嫩黍笑脸迎，老农话深情。

访遍千家万户，足迹印上莽岭。人若有情应忘老，斗病何辞万里行，心阔一身轻。

茶道

高洪波

> 西宁人真聪明，能想到茶与冰糖与桂圆
> 的同饮。

我不吸烟，这并不是说我这人有毅力，能拒腐蚀而永不沾。我不吸烟是因为父亲太爱吸烟，太爱吸烟的父亲向烟神献了他的右肺，使我有了逆反心理，从此才不碰烟。

假如父亲不吸烟，没准今天我也成为一个合格的烟民。

可是我爱喝酒，爱饮茶。

人没有一点嗜好恐怕太没趣味，烟酒不分家，我给生生拆开了。为了不让酒这家伙孤单，只好喝茶。

喝茶也是慢慢学的，先是为了解渴，为了让解渴的水里有那么点颜色，甭管红茶绿茶花茶烤茶，拿来就喝。后来发觉茶能提神，饮茶过后聊天吹牛侃大山均有超水平的发挥，便在解渴之外多了点心思。喝着喝着，竟上了瘾，嘴也越来越刁了。

在云南时，我喝的是烤茶。野营拉练住在农民家里，火塘边煨上一个粗陶罐。大把的粗茶采自山间，扔进罐里去熬，人们管自去天南海北闲扯。不一会儿，茶溢了，香味也漫出，主人挨排斟上半碗金黄的茶汤，你就喝起来了。云南乡间的烤茶苦涩苦涩的，几口过后却有甘甜浸出舌尖齿缝，再加上温煦的火塘、香喷喷的葵花子与主人质朴的笑脸，让你感到茶味分外奇妙、古朴。

云南的西双版纳产各种名茶，可名不见经传的一种"糯米香"最让我入迷。这种茶的配制很独特，需要一种散发出炒糯米香气的树叶来掺入。喝不惯的人，非说这茶中有一股怪味儿，像脚丫子的专利；喝顺了口的，则爱不释杯。我属于后一种茶客。

离开云南，可没离开滇茶。普洱茶、下关坨茶、滇红滇绿、澜沧炒青，时不时在我的茶杯里轮流值班，让我别忘记那方土地那些友人，以及曾给予我清清爽爽的精气神的茶叶们。

可咱们中国太大，茶的品种太多。光喝滇茶也不够意思。渐渐地，我喝起安徽的黄山茶、六安瓜片；江苏的阳羡绿茶；福建的乌龙茶尤其喝得多、喝得勤。

就在我写下这篇关于茶的文字时，杯子里的乌龙茶们或浮或沉，飘散出一股股沁人心脾的清香。它们条索粗大，豪放中又有几分细腻，开水沏下去，香气凝成一团云烟，袅袅升起来，凑过鼻子一吸，能让你醉了。嗅过茶香，接着是啜饮茶汁，茶汁色泽金红，入口回甜，其味绵长，如果再配以工夫茶的精美茶具，你简直不似神仙、胜似神仙。

我还有幸喝过一种"碗子茶"，那是前几年走访青海高原，在西宁一家清真饭馆里吃过手抓羊肉之后的享受。

碗子茶的茶具类四川盖碗茶，一碟一碗加一盖儿，形成和睦的一套。茶博士先端来一盘瓜子，继而往茶碗里添入茶叶、冰糖、桂圆，冰糖莹白如雪，茶叶深绿似春树，几粒桂圆胖敦敦的，算是泗水的樱桃。一壶滚水浇上去，碗里竟发出滋滋的声响，冰糖便眼见着小下去、小下去。你用碗盖略一拨弄，让茶叶们闪开身子、桂圆们腾出地方，给急不可耐的嘴唇和舌尖留点余地，一口茶进嘴，香且甜不说，分明还有几缕南国风的气息。这当然要归功于桂圆的作用，西宁人真聪明，能想到茶与冰糖与桂圆的同饮。

回北京后我试着喝过几次"碗子茶"，效果一般，不知是北京的水质欠佳还是茶叶不对头？但更大的可能是没吃手抓羊肉，缺了啜饮"碗子茶"的重要前提。

于是我放弃了这种尝试，继续着那既简便易行而又过瘾解馋的大众饮茶法，一壶开水一杯茶。

今年我挺走茶运，居然喝进了京城一处新盖起的"老舍茶馆"。清明节后，几位朋友慕名前往，在前门楼美国肯德基家乡鸡餐厅的左侧，在那美国小老头炉忌的目光里，我们踏进了老舍茶馆。

茶馆里古色古香，正中有一座小舞台，面对茶客们的是这么两句话："振兴祖国茶文化，扶植民族艺术花。"镌成对联模样，又被人写入梅花大扇面的背景，向啜饮茶汁的人们无言地交流着什么。

刚坐定，一位穿着红色旗袍的姑娘娉娉婷婷走来，斟茶，摆筷，又送上几碟小吃物。然后自然是聊天。小舞台上突然站上一位汉子，伶牙俐齿，原来是助兴节目的报幕员。他说道："今天是阳历的三月三。老话说是会神仙的日子，我们一批演员借小舞台向朋友们展现一下民族艺术的珍品……"

于是，我们相继看到了古彩戏法，听到了相声、京韵大鼓、北京琴书、三弦、河南坠子、京剧清唱。上台表演节目的有魏喜奎、关学曾等名家，可谓异彩纷呈，争奇斗艳。关学曾的北京琴书早已久违了，在演唱之前，老人家竟说出一段感慨万端的话来："这是我退休后的第一次演出。离开舞台后，有很多人打听我，说怎么老没听到关学增说书了？这人是不是没了？所以我感谢老舍茶馆给我提供了表演的机会，我要让观众们看看，证明我这人还健在。"他的话风趣幽默，他的段子更有吸引力，是《改春联》和《逗闷子》。关学曾说得字正腔圆韵味足，使茶馆里腾起一阵阵快意的笑声。

敢情这老舍茶馆成了退休老艺人的人生新舞台！

正品茶听小曲的当口，北京"大碗茶"公司的总经理尹盛喜来叙谈，这位全国劳模、"五一"劳动奖章得主，同时也是"老舍茶馆"的创建人，是条敢创业的好汉，从二分钱一碗的大碗茶起家，不到十年光景，挣出了偌大一份家当。尹盛喜除了理财经商还善丹青，又能唱花脸，多才多艺。见面时他却悻悻地，手捻着一份报纸。细打听，原来该报刚发一篇杂文，指责老舍茶馆"豪华排场富丽气派"，"不叫茶馆，改叫官殿"最合适，根本原因在于"忘了北京老百姓，他们手里那两钱，还达不到高消费"云云。

尹盛喜愤然地说："这位秀才叫站着说话不腰疼。我们办茶馆的目的是弘扬中国文化，不但外国人喜欢，昨天全场是农民，照样喜欢。"他随后掏出一张名片，"台湾来了位范增平先生，看了听了咱们这茶馆高兴得落泪，非请我到台湾帮他再办一座不可。"我接过名片，上面有这位范增平的大名头衔，最前面的是"中国茶文化学会理事长、中华茶艺杂志社发行人"，看来茶在海峡两岸成为畅通无阻的"红派司"，而且任你人地两疏，一踏进茶馆，居然能一拍即合，共鸣共振共品共乐。茶，茶馆，真是奇妙的东西。

告别"大碗茶"总经理，琢磨他的激愤，他的不快。猛然记起读《宋稗类钞》一书时关于王安石品茶的逸事。王安石为小学士时，曾造访当时品茶高手蔡君谟。"君谟闻公至，喜甚，自择绝品茶，亲涤器烹点以待公。冀公称赏。公于夹袋中取消风散一撮投茶瓯中，并食之，君谟失色。公徐曰：'大好茶味。'君谟大笑，且叹公之真率也。"王安石此举，很有些可疑，我觉得将"消风散"放入茶瓯里一起喝，有恶作剧的意思，或者为"真率"之名而不惜捏鼻子喝药，亦未可知。

王安石毕竟是智商极高的古之名人，达官显宦，他的味蕾如没毛病的话，茶总是能品出高下优劣来的。

由王安石的矫情想到尹盛喜的"老舍茶馆"被攻讦，禁不住为这种联想感到好笑。不管别人怎么说三道四，北京能有一家地道的茶馆，哪怕是"茶馆历史上得拔头份儿"的排场，终归又有了茶馆不是！

有了茶馆，茶文化和茶道便能跟着发扬光大，至于您偏好凉白开，也不是什么坏事，凉白开还败火呢。只要您别拿"消风散"往茶里掺和就行，像那位王荆公一样。

茶说到这儿，也该打住了，不过我的题目为"茶道"，请别误会，这不是日本的"茶道"，而是"说三道四"的"茶道"。茶，本来是品的，喝的，一旦"道"了，反觉无趣。

要紧的是一壶开水，滚开的不好，"蟹眼"状最佳，沏入宜兴紫砂壶中，闷一会儿，浅斟，轻啜，那滋味，你自己去品咂好了。

"祁红"因缘

唐大笠

> 中国的茶文化，中国的名茶谱，都是经
> 过我们的祖先千数百年的反复实践而谱写
> 的。

我本生长于佛教圣地九华山，朝沐晨雾，晚浴露霖，以产"佛茶"九华毛峰著称于世的茶乡。可是我的家却不出产一片茶，自己未曾与茶打过交道。然而后来却与茶缔结一段不短的因缘，那就是丁酉风暴将我席卷，飘落在祁门的一个深山里，那里是盛产国际名茶"祁红"的地方。我所在的公社叫"祁红"公社。落户的大队又叫"祁红"大队，可见那是地道的"祁红"产地。

当我被领进那个群山夹缝里名叫塘坑头山村时，已斜日西沉，炊烟四起了。山外的风早已吹进山里。宁静中似乎平添了不平静的气氛，山民们对我到来的信息早已知晓。当我斜坐在桥头等待安置的时刻，身边围满了人群，眼神充满好奇神情，仿佛要在我身上找出三头六臂来。因为当时报刊上为配合运动的漫画，如我之辈个个都是胸脯长毛、赤膊上阵并拿刀操箭做进攻状的形象，但一见我不过一个文弱书生的样子，便于奇中生疑。只听得老年妇女窃窃私语，发出"还是好年轻的仔家"的惊叹，意思是说我似乎还像个孩子。他们在打量我，我同样在看他们。彼时采茶晚归，茶农们踏碎夕阳，踏破垄烟，带着一天的收获，欣喜归来。男女山民一律头扎白色毛巾，腰系皂色围裙，腿脚统着僧道们穿的古式布袜，女的在布袜外面裹层竹篾，然后再着芒鞋，行走起来吱吱作响。男的肩挑背驮一麻袋一麻袋新采的鲜茶；女的斜挂着竹制茶筐，多数背上有红绿布带系着喂奶的婴儿。婴儿的两只脚始终空悬着，随母亲遨游群山，此刻倦游归来，有的已经酣睡在母亲背上，头上顶着虎头或狗头式的绣花彩帽，据说山民们世世代代都是这般长大的。我边看边想，粗粗一瞥，不啻于一茶乡风情画卷。

此后我便成了这山村的一员，同他们一道采制茶。如何由不会到会以及山民们如何关照，均不在话下，总之在那里与茶是紧紧地联系在一起的。

祁门产茶很久远了，但产红茶的历史才不过百年，起始于清光绪元年（1875），大约是打开中国紧闭的大门，与外国通商贸易之后，由"徽商"掌握国际市场行情而开始试制的。其始祖一曰黟人余干臣，一曰祁人胡元龙，两说并存，都在公元1876年改"安绿"为"祁红"。谁知"祁红"试制成功打入国际市场成了后起之秀，足与印度大吉岭的红茶相媲美，其他各国各地红茶皆望尘莫及。它的香气清高持久，滋味醇和甘浓，被国内外茶师誉为"祁门香"。其外表色泽乌润，条索紧细，锋梢秀丽，汤红透明。英国人最喜把"祁红"与印度红茶拼起饮用，味加一等。

所谓"祁红"，其产地不独限祁门县，乃遍及周围六万平方里山地，地跨皖赣两省。耐人寻思的是产红产绿不搞"一刀切"，而是犬牙交错的，"祁红"产区范围也产绿茶，绿茶产地也有部分红茶。有一天我与一位老茶农结伴，直攀茶山顶峰，登高一览，起伏群峰如大海巨浪，一叠一叠，一层一层，如碧涛，如拥翠，一声呼啸，空谷回音，心胸顿豁。当时老茶农告诉我这样一件事：1949年前有一年，"祁红"特别抢手，售价很高，于是当地有人翻山至产"屯绿"的休宁，收购鲜茶回来加工红茶，结果"屯绿"制成的红茶呈黑色，价格照例上不去，反而赔本。说这番话的地点，即在祁（门）休（宁）地界上，一步之遥即分界线内外。论气温，论光照，论土质，我看不出任何差异，何以如此神奇？自然之秘——我怎么也捉摸不透，除了用"天造地设"这句话，作不出其他解释。由此可推及，中国的茶文化，中国的名茶谱，都是经过我们的祖先千数百年的反复实践而谱写的，不是凭谁主观臆断而能强为之。

"祁红"享名，除了优越的自然条件之外，还与加焙工艺之精良关系极大。茶叶生长在茶丛上，先天外相相差无几，而名茶之所以得名，无一不是探索出一套发其内质、扬其独秀的加工方法，如龙井炒制，普洱蒸压，毛峰杀青，苞茶闷堆，峨蕊抖炒，瓜片攀片，等等，各有独特的制作技艺，须如法泡制，方显其美。"祁红"制作与绿茶不同，放制经过萎凋、揉捻、渥红、烘干四道工序，舍去任何一道工序便不成其为红茶。1949年以后，对制作工具做了很大的改善，大多实行机械化与半机械化，代替昔日的手工操作，其中揉捻普遍利用水力资源，视水源大小，揉茶机分两盘、四盘、六盘不等，若遇天旱河涸，仍需人力揉茶。不论电力、水力，还是人力，其揉茶机上转动的圆形容器是不容易掉的。清人茅一相撰《茶具图赞》就收录了古代最初的独人操作的揉茶器，当时的名字取得很怪，叫"后转运"，从图上看：一个带脚的木制大圆盘，圆盘中置圆桶，桶中心有一沉压圆轴，桶外设扶手，扶手后端标上茶叶两片。至今在"祁红"产区仍可窥其雏形。然而不知怎么原来许多研究家却误认为是一种乐器，乃至今人周芜著《新安版画研究》，亦载其图，始对乐器说提出质疑，但亦未能确认为揉茶器具。其实《茶具图赞》上有文字说明很清楚。谓："柔亦不茹，刚亦不吐，圆机运能，亦皆有法，使强梗不得殊轨乱辙。"

别"祁红"产地忽忽二十余年矣。原来并不怎么嗜茶的我，而今亦成了茶客，每年春季，必购名茶种种，贮而藏之。除每日自饮，更为待客，连茶具、火候、水质也渐渐地讲究起来。虽不必有松风竹月，晏坐行吟，像高流逸士那般的雅，但有时心手闲适，或披读困倦，或素心同调，彼此畅适的知己，品茗闲话，确有过不少的味中味和味外味。百味之中的一味，还是与"祁红"的那段因缘，尽管至今我不习惯饮红茶。

漫说茶文化

唐挚

> 茶文化的特点，或许就是它的雅俗共赏，
> 雅俗并至，雅俗同好。

中国人爱喝茶，洋人则爱饮咖啡。民族习惯不同，不足为怪。近年来，善做广告、深谙经营之道的外商，把名牌咖啡雀巢、麦氏之类，打入我国市场，行情看俏，颇有趋之若鹜之势，"味道好极了"之声，甚嚣尘上。

但依我的习惯和直感，在饮料中，最令人神往的欣赏的，还得首推饮茶。中国人的煮泉品茗，是别有一番情趣、一番境界的，可以说构成了文化的一部分。只可惜，我虽爱饮茶，对此却毫无深究，至多也只能算个极普通的茶民罢了。

对饮茶引起兴趣，还得追溯到抗日战争初，我在重

庆上小学时期。那时重庆茶馆很多，而且开板营业极早，当我背着书包上学时，我家对面那座茶楼，常已顾客盈门。在我印象中，重庆人那时似乎是一起床，就先进茶馆的，洗脸、品茶、早点，都在其中。茶馆陈设并不讲究，只是一排竹躺椅，夹杂着些茶几。顾客一进门，便潇洒散漫地在竹椅上一躺，只听伙计大声地、热情地吆喝着，一手取来盖碗茶，一手便以大铜壶的开水冲泡之。一道白光辉，冒着热气从壶口喷出，然后稳稳地落入杯中，适满而止。童年的我，常为茶伙计的这手绝活，伫脚观看，心中暗暗惊服。茶馆内是一片嘈嘈杂杂之声，不论是老友还是新知，一面啜茶，一面便天南海北地摆起龙门阵来，滔滔不绝。四川人口才好，脑子快，能言善辩，大事小事都能说得天方地圆，如云如雾，我老觉得这与经常爱上茶馆有点什么渊源关系。那年月，信息手段远不如现在先进，社会的封闭性是显而易见的。茶馆便像是个信息交流中心。在这里，人们似乎除了品茶之外，还可获得各式各样的信息。当然流言蜚语，以讹传讹的谣言，也是少不了的。但在当时极度封闭的社会中，一些从报上看不到的新闻和信息，便也从这里传出，或者传递了某种社会心态。后来，国民党统治更其高压时，茶馆里就贴出了"莫谈国事"的告示，便足可证明茶馆的这一作用。当然从文化涵义上讲，这也只能是"俗文化"罢。遗憾的是，对这些似乎没人考据研究过，我自然更说不出所以然来。这些茶客固然嗜茶如命，对于茶却也看不出有什么讲究，要论等级，巩怕也只能算是一般的茶民而已。

我父亲很爱喝茶，每天都是离不了的，而且茶泡得极酽。每逢他翻书或刻印，总有浓茶一杯相伴。他是湖南人，茶泡过几道后，淡而无味了，他就拿手指把茶碗中的茶叶全部纳入口中，细细咀嚼，然后咽了下去。最初我见到这情景觉得很奇怪，怎么喝茶还把茶叶也吃进肚去。小时不敢问，大了曾问过他，他想了一下说："这倒是湖南人喝茶的习惯，但这是个好习惯，一来茶叶很有营养，帮助消化；二来茶叶采来不易，喝了几道便弃去，太可惜了。"后来，我见到有同志写回忆毛主席的文章，写到毛主席也有把泡过的茶吃掉的习惯，大概是在湖南省相当普遍的了，只是我却至今也没养成这个习惯。

我对茶的兴趣越来越浓，以至须臾不可或离，是与我从事编辑、写作生涯密切相关的。五十年代，我还不会吸烟，那时也无雀巢、麦氏之类的速溶咖啡可饮，遇到赶稿，便泡上一杯酽茶，文思阻遏时，即品茶苦思，或深夜困倦袭来，更全赖酽茶支持。就我的经验而言，浓茶确有提神醒脑之效，其功力决不在咖啡之下。只要有酽茶为伴常可坚持写作，通宵不眠。只是我喝茶水平相当低。茶的种类极其繁富，种种名茶都各有富于诗意的雅号，更有各自的特色，但我却只能大概分出红茶、绿茶、花茶的区别。当然，真正的绝妙佳品，啜饮一口，满颊生香，会令我赞叹不止，却不能像有些精于此道的同志，立刻可以将各种名茶的来历、好处、冲泡之法一一道来。我每每听到他们论说茶道种种，不能不叹服，觉得此道确有悠久历史积累下的深邃学问，不能等闲视之。在他们看来，我的饮茶，实在远没有入门，至多也只能算个业余爱好者罢了。

记得有一次到宜兴开会，这可是个既产茶又产茶具的著名胜地。会议间隙，主持者邀大家到附近茶场一游。那正是春雨迷蒙、柳叶泛青的季节。在茶场小楼上，场长盛情地为我们每人泡了一杯刚刚采制的新茶。透亮的玻璃杯中，茶水微绿，清香扑鼻，大家赞不绝口。我们倚凭在小楼的走廊栏杆上，远眺环绕四周的茶园。只见微雨初罢，叠翠如洗，一簇簇矮矮的茶树，密密匝匝地排列成行，逶迤起伏在丘陵上，淡绿精碧，如画如屏；十几个采茶少女，肩背茶篓，穿行其间，两手不停地采擷着新叶，仿佛是天然一幅"采茶图"。场长告诉我们，采茶十分辛苦，尤其是初采嫩叶，每位茶工采擷一天，也不过焙制新茶一两左右，要焙制名茶。工序繁杂细致，几乎要经过几十道的加工，所以高级茶叶售价高昂，并不奇怪，这本是大量劳动汗水凝聚而成。关于制茶手艺更有一套专门本领，这全凭茶场技师与技工的钻研和讲究了。场长的一席话，令我想起老父亲把泡过的茶叶吃下去的情景，和他向我作"采茶不易，弃去可惜"的解释，确实是深味甘苦的话。

中国的饮茶，可以说极普及，极大众化。在日常生活中，几乎家家户户离不开它，有客进门，总是先泡茶相待，开门七件事，柴米油盐酱醋茶，也有茶这重要的一项。可谓是构成俗生活的组成部分。但是老舍先生的杰作《茶馆》，却就从这极俗的生活中，从王掌柜起伏坎坷的命运中，概括出了极深刻的时代风云与历史变化，而其中带来的人生况味，更与茶一样浓郁幽远。

可见俗中有雅。茶文化经历长期历史与民族文化的陶冶，除了俗的一面，还有极雅致、极讲究的一面，这不是偶然的。历代文人墨客在品茶中，得到极大的情趣和某种净化情感的满足，甚至达到了某种境界，这往往是其他文化活动所不能给予的。因此，历代诗人常以咏茶入诗。诗人陆游就有句云："细啜襟灵爽，微吟齿颊香。归时更清绝，竹影踏斜阳。"把饮茶带来的悠然心境，表达得多么细致酣畅！范仲淹则有著名的《斗茶歌》，歌云："黄金碾畔绿尘飞，紫玉瓯心雪涛起。斗余味兮轻醍醐，斗余香兮薄兰芷。"对于茶的色香味的歌赞，可说达到了极致，或者也可以说陶醉神往其中了。近日偶读郑逸梅老先生的《天花乱坠》，其中说到近人"夏宜滋有仝、陆羽癖，自制梅花、水仙、茉莉等茶……人呼茶圣"。像这样善于品茶、制茶，又从品茶制茶中获得某种精神上的高度感受，称之为"茶圣"，以区别于我们这类"茶民"，倒也可以说名副其实了。

但是我由此想到，作为茶文化的特点，或许就是它的雅俗共赏，雅俗并至，雅俗同好。中国茶文化之悠久不绝，或许于此可察端倪。据史载，人工制茶始于春秋，商业制茶则始于西汉，而历代研究茶的专著，除陆羽的《茶经》早已名闻遐迩外，其他的竟达百余部。似乎人在各种心情境遇下，茶都可以给人以慰藉、支持和满足，无论是"茶圣"还是"茶民"，无论是老少贤愚，咸有此好。茶文化之绵绵不绝，或有至理在焉。

据说，日本的"茶道"也是从中国传去的。我从电视中看介绍，觉得无论茶具、冲法，以至饮茶仪式，都堪称典雅之至。我不知道当初中国人喝茶是否也曾形成过这样一整套的繁文缛礼，抑或是被日本人接受后又重新改造发展成了这样的规范。金克木教授曾感慨地说："中国对日本，近代打了快一百年的交道，但是不热心研究日本。"对于日本的"茶道"和中国的茶文化究竟有什么关系，似乎也还是值得研究的一个题目。不过看了日本的"茶道"，我总觉得把饮茶搞到那么"神圣""典雅"的程度，就有点担心，雅俗共赏如果终于只胜下了"雅"与"圣"，那么茶文化恐怕也就难于有蓬勃发展的生机了。

敝乡茶事甲天下

秦牧

唯独好茶，却是天天喝，都不感厌烦的。

有人要编一本关于酒的文化的书，向我约稿，我敬谢不敏；而当有人要编一本关于茶的文化的书，向我约稿时，我就欣然应命。这倒并不是因为我想"抑酒扬茶"，而是由于我对饮酒是外行，而对饮茶之道则颇知奥妙，不但有话可说，而且介绍介绍觉得义不容辞。为什么？因为我的家乡潮汕一带，品茶的风气最盛，真可谓："敝乡茶事甲天下。"我从小在这种风气的熏陶下，自然对品茶就懂得点门道了。关于潮汕茶风之盛，可以从下面系列的故事中见其端倪：

故事之一，是关于因饮茶而倾家荡产的传说：有个乞丐到一门大户人家乞讨时，不要钱，不要米，而恳求给一杯好茶。主人是个品茶高手，就着人送一杯好茶到门口，乞丐品尝，却说："这不过是很平常的茶罢了。"主人听了大惊，立刻吩咐妻子冲了一杯最好的茶，命人送了出去。乞丐喝后评论说："这是相当好的，不过仍只能算第二等。"并问泡这茶的是不是某姓的娘子。主人听了更惊，就亲自到门前会他，盘诘之下，才知道这乞丐从前原是豪富。因爱好品上等岩茶（旧时最上等的茶叶，有卖到百两银子以上一斤的）而逐渐中落衰败，妻子也已离散，现在沦为乞丐，身上仍带着一个古老的茶壶云云。那个妇女，正好是现在这家主人续娶的妻子。主人震惊之余，只好呆望着这个乞丐飘然远去了……

故事之二，是关于茶家对水质的鉴别的。一个善于品茶的老妇命令她的儿子到某处山泉取水，泡工夫茶。儿子因嫌路远，就到附近朋友家座谈，顺便灌满一瓶自来水带回来。谁知泡好茶后，老妇一品味，立刻笑骂道："小孩子欺骗老人，这哪里是山泉水，这不过是自来水罢了。"

故事之三，是关于以茶会友的。有个潮汕人出差到外地去，遗失了银包，彷徨无计的时候，漫步河滨，刚好见到有几个人在品"工夫茶"，便上前搭讪，要了一杯茶喝之后，和那几个老乡聊起茶经来。这几个立刻引为同调，问明他的困难后，纷纷解囊相助，并结成新交了。

故事之四，是嘲笑不会喝茶的人的。有个男人，买了好茶叶回家，要妻子"做茶"。妻子是外地嫁来的，不懂喝茶，竟把茶叶像烹制针菜一样煮了出来。那男人大怒，动手就打。吵闹声惊动了邻里，一个老太婆过来解劝，抓了一把煮熟的茶叶到口里，咀嚼了几下，不懂装懂地说："不是还好嘛！只是没有放盐罢了。"那男人听了，才知道天下还有第二个不懂喝茶的人，不禁转气为笑，一场风波也就平息。

故事之五，是关于品茶师傅舌头的灵敏度的。十年动乱之前，一连有好几年，福建驻广州的茶叶公司每年都要请我们一批爱喝茶的人品尝一次各式名茶。那些泡茶的里手不仅擅泡茶，而且品茶更是术参造化。他们受雇于茶叶公司，负责评定茶的等级，对一杯杯茶水只要稍微一呷，就可以断定是哪一类茶叶中的哪一级。要是把两三种茶，譬如乌龙、龙井、普洱一起泡，他们也可以分辨出来。这些茶叶师傅，大抵出身就是潮汕一带旧日的绅商人家子弟。家道中落了，他们就靠那根神妙的舌头营生了。

像这一类关于品茶的故事，流传于潮汕各地。我本来还可再写几个，但是用不着了，仅仅这么几个，也很够反映敝乡品茶风气盛况的一斑了。

除了品茶故事，还有和茶有关的许多谚语，如"茶三酒四溜达二"（喝茶最好是三人，饮酒最好是四人，结伴溜达最好是二人），"没茶色"（譬喻事情做得不漂亮），"收人茶礼"（接受婚姻聘金）等等就是。

如果有人以为讲究品茶的，只是有钱人家，那就大错特错了。在汕头，常见有小作坊、小卖摊的劳动者在路边泡工夫茶，农民工余时常几个人围着喝工夫茶，甚至上山挑果子的农民，在路亭休息时也有端出水壶茶具，烧水泡茶的。从前潮州市里，尽管井水、自来水供应不缺，却有小贩在专门贩卖冲茶的山水。有一次我们到汕头看戏，招待者在台前居然也用小泥炉以炭生火烧水，泡茶请我们喝，这使我觉得太不习惯也怪不好意思了。那里托人办事，送的礼品往往也就是茶。茶叶店里，买茶叶竟然有以"一泡"（一两的四分之一）为单位的，这更是举国所无的趣事。

潮州人连在筵席上也不断喝茶。不是在餐前餐后喝，而是在上几道菜之后，就端上一盘茶来，然后，再上几菜，又喝一次。餐前餐后喝茶，更是不在话下的事了。

潮汕工夫茶对茶具、水、茶叶、冲法都大有讲究。

茶具包括冲罐（茶壶）、茶杯和茶池。茶壶是红陶土制成的，大小如一个小红柿，杯是瓷的，杯壁很薄。茶池形状如鼓，瓷质，由一个作为"鼓面"的盘子和一个作为"鼓身"的圆罐构成。盘面上有几个小眼，泡茶之后在壶盖上冲来加热的水可自然流入"茶池"内。"茶池"是准备用来倒剩茶和茶渣的。最标准的冲茶方式有所谓"十法"，那就是后火、虾须水（刚开的水）、拣茶、装茶、烫杯、热罐（壶）、高冲、低斟、盖沫（用壶盖把浮于水面的杂质泡沫抹掉）、淋顶。冲茶要高冲低斟，开水锅的锅嘴离壶身要高，才能冲出茶味。斟茶时，壶嘴又要紧贴杯面，使茶香不至飘逸。斟茶时还有两句谣谚，叫作"关公巡城"和"韩信点兵",这就是在三个杯子(标准的茶具,一个茶壶配三个小杯子)上斟茶的时候,不能斟满一杯再斟第二杯,而是像"关公巡城"似的,把茶壶不断在杯上画圈,使三个杯子所受的茶,浓度大体相同。所谓"韩信点兵",就是茶壶里最后存下的几滴茶,因是精粹所在,不宜只洒在一个杯子里,而是要"机会均沾"地向每个杯子里分几滴,以免饮者有厚薄之分。一般品工夫茶的人自然没有讲究到这个地步,然而按照那最讲究的却都是这样做的。

工夫茶,因为装进小茶壶里的茶叶,是几乎满满的一壶,这样泡出来的茶,特别是第一二次的颜色很深,浓度可想而知。你可别小觑这一小杯,有些外地人没有喝惯的,只喝了两三杯,竟兴奋彻夜,无法入睡。这使人想起古代人们发现咖啡的故事。当年非洲人见到吞食了咖啡果的羊群,终夜亢奋不眠,跟踪寻找,终于发现了咖啡。

精于品茶的人,对于这样一杯好茶,却是能够慢慢地品,仿佛大有云底生香、风生腋下的情趣。

泡工夫茶用的茶叶，不是龙井、碧螺春之类未发酵的绿茶，也不是滇红、祁红之类全发酵的红茶，而是主要产于福建的半发酵的乌龙茶（铁观音、铁罗汉、水仙、一枝春之类），乌龙茶的确另有一番独特风味。虽然各式名茶都各擅胜场，我们不应该妄加褒贬，乱定甲乙丙丁，但是我们也应该知道，半发酵的乌龙茶是在绿茶、红茶发明之后多年才兴的一种茶，英文里面有oolong一词，作为对乌龙茶类的特定称谓。顶尖儿的乌龙茶，一斤有三万个茶芽，价格高昂。现在的"极品铁观音"之类，价格也可以和上等的龙井媲美。随着潮籍人的足迹遍布东南亚，品工夫茶的风气也传播到海外。像铁观音这种名茶，在国外，总是供不应求。潮州品茶之风昌盛，但名茶却产于福建，只是到了近年，当地才开始生产好茶，例如"凤凰单枞"，就是相当脍炙人口的新秀。

　　茶、咖啡、可可，号称世界三大饮料。如果连同可乐、果汁等等计算，饮料可谓多矣！但是我觉得绝大多数饮料，常饮都使人有"腻了"之感，唯独好茶，却是天天喝，都不感厌烦的。中国是茶的发祥地、老祖家。全世界对于茶的称呼，不是叫作：tea，就是叫作 cha，已是对中国茶的称谓音译的结果。茶是金字塔的同龄者，和中国有文字的历史一样古老。因而，茶的文化在中国着实源远流长。它从被人称为茶、槚、莈、茗，到唐代正名为茶，就历经了悠长的岁月。在古代，茶是聘礼中必备的一项，可见它和生活关系之久。从唐代陆羽的《茶经》到清代陆廷灿的《续茶经》，千余年间关于茶的专书，不断涌现，虽然不能说浩如烟海，可也是规模宏大的。唯其中国有这样深厚的茶的文化，才会在潮州出现这样影响及于普通劳动者的浓厚的品茶风习。至于何以潮州人格外讲究品茶，是什么"千里来龙"导致"此地经脉"，和宋室当年南迁有没有关系，这就不得而知了。我是很希望读到这方面的文史专著的。

我平素在家里并不品工夫茶，因为我是属于蠢物和驴饮之辈，喜欢大杯大杯地喝，不断喝那小小的一杯，太费事了。即使是极好的茶，我也把它泡在大茶壶里，冲进玻璃杯中，擎在手里，对着花丛，悠然畅饮，这也自有一番乐趣。如果是对着海上明月，或者是山间松涛，或者在西湖之滨，或者趵突泉畔，一杯好茶在手，更觉香味隽永，"逸兴遄飞"。但是即使我不是潮州工夫茶的迷恋者，而仅仅是偶一试饮的茶客，我也深信饮茶是文化的一支。对于潮汕的这一品茶风习，我是本着浓厚的兴趣来观察它，怀着幽默的心情来描绘它的。

孵茶馆

秦绿枝

> 但有些言不及义的话却是不好同老伴、
> 同儿孙讲的。只有在茶馆的那种环境里才能
> 尽情宣泄。

早年,上海的退休老人所以能打发日子,靠的是这三样消遣:听书、孵混堂(浴室)、坐茶馆。这三样又都与茶有关系,坐茶馆自然要吃茶,听书、孵混堂也要吃茶。浴室里的老客人总是自己带一包茶叶,交给堂倌(服务员)。等到你从"大汤"(大浴室)出水以后,给你泡来,热腾腾的手巾揩上两把,再喝一口热腾腾的茶,只觉百脉通畅,一会儿便呼呼入睡了。近年,这三样都起了变化。浴室还是那么几家,浴客却多了好几倍,经常是人满为患。堂倌的面孔时时换,老的走了,新的来了。

他们的眼里，只有一批能够提得出外烟的青年个体户。仅靠退休金度日的老浴客能够插上一脚，让你洗把澡已是天大面子，再要享受以前的"特权"，请打消此念吧。

听书呢，首先是书场大都关停并转，只剩了两三家，有一家新开的"乡音书苑"，倒恢复早先的老传统，不但有茶吃，还可吃点心。只是座位不多，仅容纳百把人，书目又是一星期换一次，无论是老听客还是老茶客，都觉得不过瘾。

现在该说到坐茶馆了。老舍笔下的北京《茶馆》，反映了社会的变迁。在其他的地方的茶馆，又何尝不是如此？当政者如要体察民情，即使自己不便去，也不妨派手下人经常去坐坐茶馆，可以听到真正的民间声音。不过，老百姓也知道厉害，在公共场合不能随便瞎说，所以早先的茶馆的板壁上贴有"莫谈国事"的条子。最近有朋友写信来约我上茶馆，说他和几个老友新近觅得一个好地方，茶四角一杯，点心吃否随意。他们每逢星期日清晨六时在那里碰头，上下古今，天南地北，无所不谈，但又定一条原则："从心所欲不逾矩。"我明白这是什么意思。但我一次未曾赴约，一是路太远，要换乘两三辆公交车；二是休息天好不容易捞到睡懒觉的机会，起不来。

我这人就是有点懒，更缺少恒心，连上茶馆吃茶也是这样。从前我的老宅邻近上海的复兴公园（原法国公园），里面有家茶室，天天高朋满座。其中有不少老朋友，还有些是我当年颇为敬仰、渴想一见而见不到的人。他们垂老之年，都到这里来消磨生涯了。有的还是从老远的地方赶来的，风雨无阻。他们有时带信叫我去坐坐。但我平时没有空，星期日则怕挤。难得去一两次，也发觉了一点，公园茶室的茶叶也并非上乘，要喝好茶尽可以在家里泡来吃，坐在沙发上，舒舒服服，不比茶室里的椅子强？却偏偏要来忍受这吞云吐雾的气氛。原来老人最怕的是一种孤独感。家里不是有老伴，有儿孙，算孤独吗？是的，不孤独。但有些言不及义的话却是不好同老伴、同儿孙讲的。只有在茶馆的那种环境里才能尽情宣泄。所以，吃茶亦如饮酒，如果不仅仅是为了解渴，而要享受一种人生稍稍放纵之乐，须要有两三个谈得来的朋友共同沉湎其中。好在茶瘾要比酒瘾、烟瘾好些，不会戕伤身体，而且有明目清脾之效。但是爱吃茶的人好多都爱饮酒、吸烟，"老来唯爱烟酒茶"，这是一个朋友的自白，他认为这三样是晚年最低的生活要求，再也不能减免的了。

令人感到遗憾的是：上海现今的一些公园茶室，纷纷转业，经过装修，改为高级饭馆。这使一些老茶客未免有流离失所之叹，提了意见也不怎么有用。卖茶能有多少赢利，奖金又从何而来？老茶客再想想，也就谅解了。但早上到公园的习惯还是改不掉的，没有茶喝就自己带。我看见有好几位老先生，用一只保暖杯，在家把茶泡了，放在拎包里，谈得兴浓，就掏出来喝两口。还有一老先生一天要赶好几个场子，因为在别的公园里还有他等着碰头的朋友。各个公园有各自的常客，不光是地理位置的关系，还有行业、同乡、爱好这类的因素的，比如唱沪剧的退休的老人多爱在上海淮海路上的嵩山公园碰头，玩鸟的人又喜欢到南市文庙去，让自己的宠物在众鸟面前比试歌喉。

照我个人上茶馆的经历，我十分怀念在 1955 年至 1957 年夏天，与杂文家林放先生、报界老前辈姚苏风先生等经常在风光晴好的下午，把报纸编完付印以后，一同逛老城隍庙，在那里的春风得意楼吃茶的情景。上海老城隍庙内的茶馆很多，但我们偏爱得意楼。这是一幢古老的三层楼建筑，那格局在想象中与旧小说中描写的茶楼酒肆相近似。楼下吃茶的地方，用现在的话说，稍微低级一点，以所谓贩夫走卒为多。但门口有一烧饼摊，出来的香酥大饼，令人馋涎欲滴。二楼吃茶兼听书。三楼玩鸟者聚会，但也不过是一个早市的热闹，下半天便冷冷清清，只有寄养于此的几声鸟鸣。三楼的南端有一二面是玻璃窗的小间，里面放了几张桌子和若干把藤椅，显然，这是有点身份的熟客的雅座。我们凭着新闻记者这个特殊职业，也被允许入内。踞座其中，纵谈一切，茶叶虽不属上品，但也够味。我们在这里领略了一种"闲情"的意趣。

　　上海人称上茶馆、上咖啡馆为"孵"茶馆，"孵"咖啡馆。一个"孵"字，点出了个中滋味。与北京人说的"泡"，有异曲同工之妙。"一张一弛，文武之道"，我们这些做文字工作的人被工作和生活的担子压得不轻，思想上的弦又绷得很紧，能够有茶馆这种场所让精神松弛一下，未始不可收延年益寿之效。

可惜，老城隍庙后来进行改建，扩大原来的豫园范围，拆掉了不少旧的房舍，得意楼亦在其内。其实何必！把它整修油漆一下，不是更能保存传统的旧貌。现在豫园里的一些厅堂，可供观赏，难以盘桓。也有那么一二处楼堂可供饮茶，但平时朱门紧闭，绣帘低垂，那是专供外宾或贵客休息的，一般游客唯有仰望兴叹而已。

现在老城隍庙内只剩下了一家茶馆店，即九曲桥上的湖心亭。这是一幢有百年历史的古建筑，于是引起了文物工作者和商业工作者的争议。文物工作者主张这地方应该保护起来，不能轻易让游客随便糟蹋。园林专家陈从周对此尤为固执己见，说总有一天，茶炉子会烧掉这所古建筑。商业工作者则认为这是群众的需要，湖心吃茶原是游老城隍庙的一大特色，如再取消，那就太不考虑一般人的实际了。

即使在从前，老城隍庙茶馆多的时候，我们也很少去湖心，嫌那里人多嘈杂，吃来吃去还是得意楼。近年我常常向林放老人提议："到个什么地方坐坐好不好？"他先说"好啊"，继而又说："哪里再找一个像得意楼那样适合我辈口味的地方呢？"那些灯红酒绿，或者充满了幻影奇彩的宾馆茶座，他随便怎样也不肯去，再说，也开销不起啊！

　　我常常想，上海开了那么多的酒吧、咖啡屋，为什么就不开爿茶楼，像广州的茶楼那样，营业保证鼎盛。我要有钱，并有做生意的本领，一定出资造上一家，既为娱客，兼亦自娱。

俗客谈茶

秦瘦鸥

> 一个俗人在生活上学得雅一些，也可算
> 得是对精神文明的向往吧。

"开门七件事，柴米油盐酱醋茶。"这是我们上代人留下来的两句老话，尽管此刻已经很少人再提起，大部分的中青年同志甚至根本没听说过，但不可否认，今天柴米油盐酱醋茶依然是绝大部分日常生活中的最低需要，缺一不可。自然，也有少数人例外，七事之中，缺一缺二都不在乎。例如有些人因病遵照医生嘱咐，长期忌食加盐的菜，亦无损健康。而我，大概由于身无雅骨，对茶向来可喝可不喝，只要不缺白开水，一样好过日子。

记得自己还是个小毛孩子的时候，我们那个虽然毗邻上海市区，却依然很闭塞的小城里面，不但没见过什么雀巢咖啡或雪碧、芬达之类的饮料，连问世最早的柠檬汽水或姜汁汽水，也只有极少数的家庭里才有。一般的老百姓要解渴，只有喝茶，但用的茶叶也绝非什么乌龙、茅峰，都是不列等的粗茶而已，我们家中有一把锡制的大茶壶，约莫可装三四磅水，每天早上，我妈妈抓把茶叶丢在壶里，提水一冲，于是一家几口就随时可以倒出来喝。我玩得累了，口渴不堪，往往懒得找茶杯，干脆探头咬住壶嘴，直接把茶吸出来，也不管什么妨碍清洁卫生。到了夏天，不能喝热的了，泡的茶就晾在大瓷碗里，让一家人解渴。

这里还免不掉要插写一次我童年时代所遇到的偶发事件。那是发生在我就读的小学里：有个姓葛的小学生，原来身子还不错，可渐渐地显得面黄肌瘦，精神萎靡不振，终至休学回家。同学中纷纷传说，小葛害的是怪病。老师听他讲，由于他惯于把未泡过的茶叶放在嘴里咀嚼，日子多了，便成为"茶痨"。最后听说是有位高明的医生给他开了张方子，服后吐出许多绿色的小虫，他才得以康复。此事是真是假，我至今没弄清楚，但在我的脑海深处，却已留下了不可消灭的印象，到我成年后，不觉就养成了不喝茶的习惯。现在老了，也还是如此。有人误认为我必然常服人参之类的补品，故而忌茶；其实茶叶是否真会使补品失效，医学界至今尚无论断，何况我只是一个"爬格子"的老人，哪来这么多人参鹿茸？茶是一种常绿灌木，不仅春间所生的嫩叶可作饮料，其籽也可以榨油，其干木质坚密，可供雕刻，称得上一身都是宝。千百年来，经过人工培育改良，对气候土地的适应性更强了。我们国内绝大地区，几乎凡有人烟之处，就可以见到茶树（品质高下当然是另外一回事）。正因为这样，喝茶这种风气，早已和吃饭饮酒一样，传遍全国。数十年来，我足迹所到之处，很少没有茶室、茶馆的。尤其是广州、香港、扬州、苏州、重庆、成都等地，1949 年前茶楼林立，俨然成为人们从事社会活动的主要场所。1949 年后由于各种因素，茶楼已不再发展。有不少茶室则并入餐厅酒楼，成为经营项目之一。但并没有影响人们爱好喝茶的习惯，我看今后也不会吧。

至于骚人墨客，以煮茶品茗为乐，更是无代无之。

唐陆羽一生淹蹇，不事生计，独嗜茶成癖，著成《茶经》三篇，被后世奉为茶神。庸俗如我，当然不会忽发奇想，去找《茶经》来读，但在古典小说《红楼梦》中看到曹雪芹所写的宝玉、黛玉、宝钗等访栊翠庵，妙玉烹茶待客的那一段，也觉雅韵欲流，悠然神往。从妙玉所谈关于如何选择用水，如何掌握烹煮时的火候，以及非用名器不饮等等高论中看，似乎略同于现代人所说的"工夫茶"。排场如此讲究的饮茶仪式，1954年我在香港，居然也幸得一遇。那次是新闻界同道张世健、谢嫦伉俪在一家著名的潮州菜馆宴客，宾主酒醉饭饱之余，与张谢谊属同乡的菜馆老板曲意交欢，又捧出一套精美的宜兴紫砂茶具来，用炭火烹水，泡了两小壶高级的铁观音，由大家用鸡蛋壳那么大小的杯子来品尝。我也郑重其事地缓缓喝下了两杯，却还像猪八戒吃人参果一样，除了觉得其味特别浓，并略带苦味外，仍然说不出什么妙处，但看到阖座怡然也就不愿败人清兴，妄发一言了。

今年"五一"节的下午，我应邀往访一位早年曾留学英国的朋友，他家里有喝下午茶的习惯。过去我也在西方人家里喝过几次所谓"afternoon tea"，觉得茶具很多，很讲究，但没有多少东西可吃，近于"摆派头"。如今大概因为年纪老了，食量锐减，对除咖啡、红茶外，只备几片吐司或饼干的下午茶倒也觉得很清淡，而素有暖胃消食作用的红茶也适合我的体质，所以那天喝得特别满意，后来就在家里仿照着招待几次来友。我想一个俗人在生活上学得雅一些，也可算得是对精神文明的向往吧。

大理茶忆

晓雪

白族人讲究喝烤茶，茶叶要在冲泡前当
场烤过。

我从小就喜欢喝茶，在我的记忆中，童年、故乡、
苍山、洱海，以及许多动人的传说故事和甜美的花朵果实，
都是同茶联系在一起的。

我的故乡大理白族地区，几乎家家都有两种传统的
爱好，一个是种花、赏花，一个就是烤茶、品茶。有条
件的人家围一座小花园，没有花园的也要在自家庭院里、
台阶上，栽些花木、摆些盆景。闲暇时候或迎宾待客、
逢年过节，就一边喝茶，一边赏花教孩子懂礼貌，头一
件事就是要他学会向长辈敬茶，给来客端茶。新媳妇过
门，看她是否人勤手巧、孝敬公婆，第一个考验就是看

她能不能在新婚的第二天拂晓，抢在公婆起床之前把两杯香喷喷的烤茶端到公婆的床前。如果起不早或茶不香，就会被认为人懒手笨、没有家教。

小时候我寄居在外祖家。外祖家有个小花园，花园后边靠墙栽一排翠竹，中间种了石榴、花红、木瓜、佛手柑等果树。小水池周围、两边花台上，是一排排的花木盆景，有茶花、菊花、缅桂花、海棠花、玫瑰花和各种兰花。花园对面的柱子上贴着一副对联："修德读书千秋事业，栽花种竹一片生机。"横批是"品茗赏花"。外祖父每天早晚都要到小花园里，端一杯茶，或坐在藤椅上，或迈步花丛中，吟诗自娱。每天放学后，我也到花园的素馨花架下做功课，自己冲一盅茶，学着外祖父领略"品茗赏花"的乐趣。记得外祖父边喝茶边给我讲许多白族的神话传说、民间故事，也讲到唐代陆羽的《茶经》。他摇头晃脑地用白族腔调念句："茶者，南方之嘉木也……"然后就说，陆羽原来不过是在寺庙里给和尚煮茶的一个人，后来因为写了《茶经》这本书，讲了茶的起源、产地、种法、采制、烹调和饮用的好处等等，受到德宗皇帝的重视，召他进宫烧茶，从此出了名，被后人奉为"茶圣""茶神"。也是从外祖父的吟诵和讲解中，我知道了早在唐宋两朝就有不少诗人写过喝茶的事情，如"闲朝向晓出帘栊，茗宴东亭四望通"（鲍君徽），"戏作小诗君一笑，从来佳茗似佳人"（苏轼），"矮纸斜行闲作草，晴窗细乳戏分茶"（陆游）等等。后来每当自己泡茶时，看着所冲的茶水浮起的白色的小泡沫，我就想起"晴窗细乳戏分茶"的诗句。

相传诸葛亮率兵进入云南，士兵水土不服患了眼疾，他把手杖往地上一插，便长出一株神奇的树，树叶泡水，治好了士兵的眼疾。这就是茶树。这当然只是传说，但西双版纳勐海柴马达区的大黑山里，有一株高三十四米、直径一米的野生大茶树，树龄恰同这传说一样古老。国内外许多专家经过多年考证认为云南是世界茶叶的原始产地。全世界已发现的茶组植物有三十个种，三个变种，云南就有三十个种，两个变种，其中二十四个种一个变种为云南独有。从史书看，白族地区烹茶饮茶也至少可以追溯到唐代。唐樊绰《蛮书》记载："茶出银生城界

321

诸山，散收无采造法。蒙舍蛮以椒姜桂和烹而饮之。"银生即现在滇南谷、西双版纳一带，蒙舍是唐代南诏大理地区的一个诏。可见早在一千多年前，滇南的茶叶就源源不断地运到滇西重镇大理，大理地区的白族人便有饮茶习惯了。

白族人讲究喝烤茶，茶叶要在冲泡前当场烤过。如果你到白族人家做客，主人请你坐时便立刻吩咐家里人烧水烤茶。一般烤茶是妇女的事，但有的男主人会自己动手。城镇里的大户人家在厨房里烧烤，将新冲的茶水斟入精致小巧、洁白如玉的瓷杯，再用很讲究的茶盘端出来请客人品尝。一般农村人家就在堂屋里的铁铸火盆的三脚架上，架火煨水，一边和客人聊天，一边把小沙罐放在火盆边烘烤。烤到一定火候（掌握火候很难又很重要）再放入茶叶，快速抖动簸荡，让茶叶在滚烫的沙罐里翻腾。待茶叶发泡，呈微黄色，喷出阵阵清香，即冲入少量沸水，在一阵吱吱嚓嚓的声音中，茶水顿时全部化为泡沫翻到罐口，像绣球花一般。这时满屋茶香四溢。主客齐声叫好，罐内的泡沫又慢慢落下，再加适量沸水，即可斟入茶盅，这就是别有风味的白族"烤茶"，又称"雷响茶"。烤茶、冲茶时，门外巷子里过路的人都能老远就闻到茶香，所以如果过路的是熟人，往往会闻香而来，喝上一杯。小沙罐里的茶水很浓，每盅只能斟三五滴，再兑少许开水，才好饮用。但见茶水呈琥珀色，晶莹透亮，浓香扑鼻，只要你喝上一口，顿觉如饮"琼浆"，味道醇厚，心舒神爽，积秽尽除。

白族俗话说："酒满敬人，茶满欺人。"烤茶每次只能半杯、慢慢品完后，再从加了水稍煨过的小沙罐里斟出几滴，用沸水兑第二杯。如果一次就给客人斟上满满一杯茶，那是很不礼貌的。白族敬茶的礼节也很讲究。烤茶人先将第一杯茶双手齐眉敬给客人，客人接茶后又转敬给主人家的最长者，互相央谢，待对在座的人都央敬一番之后，方才开始啜饮。

对远方来的尊贵客人，白族人除招待一般的烤茶外，还要献上传统的别具一格的"三道茶"。第一道是新烤刚冲、略带苦味的清香茶，使你解渴消乏，心神清爽，体味到苍山洱海间的茶香水好；第二道是由核桃片、烤乳扇丝和红糖在茶水里浸泡的回甜茶，使你体味到好客主人的浓情蜜意和他们诚挚甜美的心灵；第三道是用蜂蜜和花椒冲泡的蜂蜜花椒茶，蜂蜜比红糖更甜，却又有花椒的调味解毒，使你在甜蜜中保持清醒，并引发你对生活的回味与思考。

白族有"省嘴待客"的传统。平常自己家里只饮用一般的清香烤茶，贵客来了，才摆"三道茶"，主人陪客人一起品尝。外祖父在小花园里请客人喝"三道茶"，我少年时曾多次沾光，边品茗边听外祖父和他的客人说古道今、谈诗论文，自己也不免浮想联翩，感到余味无穷。

离开家乡几十年，我一直保持着喝茶的习惯。但由于自己不会烧烤，再好的茶叶泡出来，它的汤色和味道，我感到也远不如家乡那特殊风味的"雷响茶"和"三道茶"。1988年8月，全国第二届当代少数民族作家文学讨论会在大理白族自治州首府大理市举行，州政府用热烈隆重的白族传统仪式举行"三道茶"招待会，我才同与会的各民族作家、学者朋友们一起，又一次领略到了家乡阔别三十多年的"三道茶"。那天，来自祖国四面八方的朋友们都格外高兴，载歌载舞，边品尝边琢磨每一道茶的不同味道和传统寓意，个个对白族人民源远流长的文化传统和烹茶艺术赞不绝口，而我却沉浸在童年的回忆之中。

龙井访茶记

徐城北

今天真巧，也是缘分，我们就算认了亲啦。

不知您到过杭州的九溪十八涧没有？那是一条南北方向的弯曲小路，溪水有时在路的左边，有时在右边。游客不时需要过"桥"——一块又一块的墩实石头，相隔多在一步之遥，水就在石头之间流淌，人需要在石头上跳跃。路的两边都是高山，高山之上满是密密麻麻的茶树。我和《杭州日报》的一位记者从六合塔转到九溪十八涧的最南端，慢慢地向北走。等把九溪十八涧走完，就要路经大名鼎鼎的龙井村。知道我有访茶的欲念，记者朋友才特意安排这条旅游路线。

满眼青翠欲滴，却又极度静谧，望中见不到一个游人。左弯右绕，忽然发现后边跟上来一位农妇，较矮，较胖，手中拎着一包菜蔬。记者告诉我，这一定是龙井村的村民，因为全部土地都种了茶，粮食和菜蔬反倒需要从外边买。我一低头，发现地面有一道用断续的大米撒成的线，想来是茶农运米时不慎散落的。

我发现被盯梢——我和记者走得快，那位农妇也跟得快；我们停下来，她也慢悠悠看风景。不一会儿，她索性追上来和记者搭讪，问答都是速度很快的杭州土话。我隐约听出她向记者打听我是从哪儿来的，想不想买茶叶。随后，她大步向前走去了，时而遥遥在望，时而一瞬又失去了踪影。记者告诉我，她确是龙井村的村民，家里孩子多，分的茶田也多，目前还存有少量茶叶。如果我愿意到她家里去买，她可以当面各种等级各沏一杯，喝顺了哪种买哪种。价钱比市场上的同等茶叶便宜，因无须交税。

我很高兴，倒不是图便宜，而是借此可以深入到茶农家庭，心中突然萌生出"龙井访茶"的文章题目。我向前方望去，人影皆无，正要着急，记者笑了："她在前面的路口等着呢。"

果然，我们终于与她会合，由她引路，又翻越了几个山头，看到许许多多的二层农家小楼。"怕楼房高了遮挡游客视线，上面只准我们盖两层。"她不无得意地说。

　　她把我们引进自己的家，屋门大敞。我问："为什么不锁门呢？""为什么要锁门呢！"她顿了顿，又说，"锁了门，不等于告诉小偷屋里没人吗？"她叫我们两个在楼下的厅里等着，独自上楼去拿茶叶。我向旁边的屋子偷看，三十几平米，只摆着一堆柴草和两辆自行车。

　　农妇下楼来，拎着四个白布口袋，依次摆在中厅的八仙桌上。又拿出四个茶杯，从每个口袋中捻出一撮，用落开的开水分别沏了。记者告我，沏龙井茶的水以八十摄氏度为最好。茶杯上轻轻漾起茶烟，农妇讲出四个品种的每斤价格——180元、100元、50元、35元。"您最少每种喝两次——一遍'苦'，二遍'补'……"为证明她此言不虚，又从抽屉中翻出一本谈饮茶的书，并翻至某页，上面果有"苦""补"字样。

　　我从最贵的喝起——每种只喝很少一点，仔细比较着。第一种确实好，开头的味虽淡，但回味极佳，然而让人望而生畏的，就是它的价钱不太"好"……我最后选中了第三等级，因为它一入口就有足够的浓度，在写作累的时候抿一口，是很能提神的。记者看出了我的选择，丢过来一个眼神，并且在桌面的遮挡下，偷偷伸出了指头，意思是要替我还价到三十元，征求我的意思。农妇发现了我俩的眼神，也发现了那三个指头，颇不悦，缓缓背过身去。我忙呼记者："小徐，是多少就多少吧。记者忙摆手："徐先生……"意思是让我别管。

农妇陡地转身，满面春风："你俩都姓徐？我们孩子的爸爸也姓徐！徐家在龙井可是大姓，姓徐的人当官的不多，可姓徐的人口兴旺……既然都姓徐，我也落一落价钱，"说到这里又忽然顿住，"你俩可真的姓徐？"我掏出了名片，记者掏出了工作证。

她放怀大笑，指着那第三等级："给你减到35元怎么样？"闪光灯一亮，记者为我和农妇合影留念。"记者同志！你是本地人，你拿这茶到村子里别人家，让他们尝尝，问究竟值多少钱，要有一个说不值，你就给我上报，说我龙井村27号里边的人不实诚，欺骗北京来的同姓人……

我忙向农妇解释刚才记者在桌面下伸出的三个指头，意思是要三斤。她笑了，举秤立刻称好，每斤装在一个塑料袋中；又拿出一个古色古香的蜡烛台，铜绿色底座，红色蜡烛，另外找出一截细细钢锯，把塑料袋的上沿卷紧，然后用金黄色的烛焰一烫，塑料袋就被封死。我被眼前的斑斓景象感动，闪光灯再亮，记者又摄影一张……

告辞，农妇苦苦要送。我们一路经过了她家的旧居，一所倾斜了的灰瓦平房。因这样的旧房全村仅此一份儿，我也与之合了影。又走过一所西班牙式样的建筑，农妇讲，这家海外有亲戚，如今大发了，男人在外边跑生意，与茶彻底绝缘。因也是独一份儿，我与之合了影。最后在村口分手时，农妇这样讲："今天真巧，也是缘分，我们就算认了亲啦。以后再用茶叶，只管来信，说清用多少钱一斤的和需要多少，我就把茶叶寄去。你们喝了觉得值，再把钱寄回来不迟……"

我和记者走出很远，一回头，见农妇还站在那里。

喝茶

梁实秋

> 提起喝茶的艺术，现在好像谈不到了，不提也罢。

我不善品茶，不通茶经，更不懂什么茶道，从无两腋之下习习生风的经验。但是，数十年来，喝过不少茶，北平的双窨、天津的大叶、西湖的龙井、六安的瓜片、四川的沱茶、云南的普洱、洞庭山的君山茶、武夷山的岩茶，甚至不登大雅之堂的茶叶梗与满天星随壶净的高末儿，都尝试过。茶是中国人的饮料，口干解渴，唯茶是尚。茶字，形近于荼，声近于槚，来源甚古，流传海外，凡是有中国人的地方就有茶。人无贵贱，谁都有分，上焉者细啜名种，下焉者牛饮茶汤，甚至路边埂畔还有人奉茶。北人早起，路上相逢，辄问讯："喝茶么？"茶是开门七件事之一，乃人生必需品。

孩提时，屋里有一把大茶壶，坐在一个有棉衬垫的藤箱里，相当保温，要喝茶自己斟。我们用的是绿豆碗，这种碗大号的是饭碗，小号的是茶碗，作绿豆色，粗糙耐用，当然不能和宋瓷比，和江西瓷不能比，和洋瓷也不能比，可是有一股朴实敦厚的风貌，现在这种碗早已绝迹，我很怀念。这种碗打破了不值几文钱，脑勺子上也不至于挨巴掌。银托白瓷小盖碗是祖父专用的，我们看着并不羡慕。看那小小的一盏，两口就喝光了，泡两三回就换茶叶，多麻烦。如今盖碗很少见了，除非是到"台北故宫博物院"拜会蒋院长，他那大客厅里总是会端出盖碗茶敬客。再不就是电视剧中也看见有盖碗茶，可是演员一手执盖一手执碗缩着脖子啜茶那狼狈相，令人发噱，因为他们不知道喝盖碗茶应该是怎样的喝法。他平素自己喝茶大概一直用玻璃杯、保温杯之类。如今，我们此地见到的盖碗，多半是近年来本地制造的"万寿无疆"的那种样式，瓷厚了一些；日本制的盖碗，样式微有不同，总觉得有些怪怪的。近有人回大陆，顺便探视我的旧居，带来我三十多年前天天使用的一只瓷盖碗，原是十二套，只剩此一套了，碗沿还有一点磕损，睹此旧物，勾起往日心情，不禁黯然。盖碗究竟是最好的茶具。

茶叶品种繁多，各有擅长。有友来自徽州，同学清华，徽州产茶胜地，但是他看见我用一撮茶叶放在壶里沏茶，表示惊讶，因为他只知道茶叶是烘干打包捆载上船沿江运到沪杭求售，剩下来的茶梗才是家人饮用之物。恰如北人所谓的"卖席的睡凉炕"。我平素喝茶，不是香片就是龙井，多次到大栅栏东鸿记或西鸿记去买茶叶，在柜台面前一站，徒弟搬来凳子让座，看伙计称茶叶，分成若干小包，包得见棱见角，那份手艺只有药铺伙计可媲美。茉莉花窨过的茶叶临卖的时候再抓一把鲜茉莉放在表面上，所以叫做双窨。于是茶店里经常是茶香花香，郁郁菲菲。父执有名玉贵者，旗人，精于饮馔，居恒以一半香片一半龙井混合沏之，有香片之浓馥，兼龙井之苦清。吾家效而行之，无不称善。茶以人为名，乃径呼此茶为"玉贵"，私家秘传，外人无有得知。

其实，清茶最为风雅。抗战前造访知堂老人于苦茶庵，主客相对总是有清茶一盅，淡淡的、涩涩的、绿绿的。我曾屡侍先君游西湖，从不忘记品尝当地的龙井，不需要攀登南高峰风篁岭，近处的平湖秋月就有上好的龙井茶，开水现冲，风味绝佳。茶后进藕粉一碗，四美俱矣。正是"穿牖而来，夏日清风冬日日；卷帘相见，前山明月后山山。"有朋自六安来，贻我瓜片少许，叶大而绿，饮之有荒野的气息扑鼻。其中西瓜茶一种，真有西瓜风味。我曾过洞庭，舟泊岳阳楼下，购得君山茶一盒。沸水沏之，每片茶叶均如针状直立漂浮，良久始舒展下沉，味品清香不俗。

初来台湾，粗茶淡饭，颇想倾阮囊之所有在饮茶一端偶作豪华之享受。一日过某茶店，索上好龙井，店主将我上下打量，取八元一斤之茶叶以应，余示不满，乃更以十二元者奉上，余仍不满，店主勃然色变，厉声曰："卖东西看货色，不能专以价钱定上下。提高价格，自欺欺人耳！先生奈何不察？"我爱其戆直。现在此茶店门庭若市，已成为业中之翘楚。此后我饮茶，但论品位，不问价钱。

茶之以浓酽胜者莫过于工夫茶。《潮嘉风月记》说工夫茶要细炭初沸连壶带碗泼浇,斟而细呷之,气味芳烈,较嚼梅花更为清绝。我没嚼过梅花,不过我旅居青岛时有一位潮州澄海朋友,每次聚饮酩酊,辄相偕走访一潮州帮巨商于其店肆。肆后有密室,烟具、茶具均极考究,小壶小盅犹如玩具。更有姿婉丱童伺候煮茶、烧烟,因此经常饱吃工夫茶,诸如铁观音、大红袍,吃了之后还携带几匣回家。不知是否故弄玄虚,谓炉火与茶具相距七步为度,沸水和温度方合标准。与小盅而饮之,若饮罢径自返盅于盘,则主人不悦,须举盅至鼻头猛嗅两下。这茶最具解酒之功,如嚼橄榄,舌根微涩,数巡之后,好像越喝越渴,欲罢不能。喝工夫茶,要有工夫,细呷细品,要有设备,要人服侍,如今乱糟糟的社会里谁有那么多的工夫?红泥小火炉哪里去找?伺候茶汤的人更无论矣。普洱茶,漆黑一团,据说也有绿色者,泡烹出来黑不溜秋,粤人喜之。在北平,我只在正阳楼看人吃烤肉,吃得口滑肚子膨脖不得动弹,才高呼堂倌泡普洱茶。四川的沱茶亦不恶,唯一般茶馆应市者非上品。台湾的乌龙,名震中外,大量生产,佳者不易得。处处标榜冻顶,事实上哪里有那么多冻顶？

喝茶，喝好茶，往事如烟。提起喝茶的艺术，现在好像谈不到了，不提也罢。

初试日本茶道

黄秋耘

> 日本的茶道光是喝茶，不杂以小吃，大
> 概他们认为只有这样才能真正品尝出茶的
> 味道来。

我自幼嗜茶，中国的各种名茶差不多都尝遍了。但
有名的日本茶道，生平只尝过一次。

1984 年 5 月间，我作为中国作家代表团的成员，前
往东京参加国际笔会第 47 届大会，大会闭幕后，东道主
邀请我们到日本的故都——京都市游览。在野村花园游
园中，还特别请我们品尝了一次标准的日本茶道。

茶道的制作方法其实并不太复杂，但颇费时间。先
将上好的绿茶叶放在小臼中捣烂成粉末状，用开水冲成
茶，以碗分盛，每碗掺点焦盐、炒芝麻、香菜等作为调

味的佐料，然后放在漆盘上奉献给客人，客人必须慢慢地品尝，不能一口喝光，喝完后把茶碗放在盘上，双手捧还给主人，并郑重道谢，声明已经喝够了，味道很好。假如不声明喝够，主人还要继续给你献第二道茶、第三道茶……直到你声明喝够为止，幸亏同行李芒同志对日本风习很熟悉，要不是得到他提醒，我恐怕得一连喝四五碗，才不至"失礼"。

日本茶道制成的"茶糊"，味道和广东东江一带的"油麻茶"差不多，不过喝"油麻茶"时多半吃点杂烩点心伴食，而日本的茶道光是喝茶，不杂以小吃，大概他们认为只有这样才能真正品尝出茶的味道来。

日本著名作家井上靖先生那天也参加游园会，陪同我们一起品尝茶道。他忽然问起，中国人大概从什么时代开始喝茶，因为他正在准备写一部以孔夫子为主人公的长篇小说，孔夫子是否喝茶呢？这个细节是不容忽略的。我对此素无研究，不敢妄加猜测，只好说《论语》中没有提到茶。中国古书中最早提到茶的大概是汉代王褒的《王谏议集》中的《僮约》，那里面有"烹茶尽具"

一语，中国人大概是从汉代起才开始喝茶的吧。不过，古代汉语中"茶"字和"荼"字是能通用的，《诗经·邶风·谷风》中有"谁谓荼苦，其甘如荠，宴尔新昏，如兄如弟"一句，假如那个"荼"字就是"茶"的话，那么，不能排除周代也有喝茶的习俗。

我这番话，可难为了那位翻译小姐。她很吃力地翻译了好几遍，井上靖老先生总算听明白了。他说，他的小说中可能写到孔夫子喝酒，但不好写孔夫子喝茶，因为查无实据。

这总算是我在初试日本茶道中一段有趣的插曲。

栊翠庵品茶

黄裳

古今人诗集中谁没几首品茗的诗呢?

茶是人人都吃的。可是不一定人人都说得出吃茶的道理。茶成为"开门七件事"之一,可见它和人民生活关系之密切。但这七件事中,只有茶曾经有人给它写过一部《茶经》。这也是不平常的。中国有《茶经》,日本却有"茶道",这正是后来居上了。清雍正中陆廷灿作了一部《续茶经》,是就唐代陆羽的原本重加补辑之作,凡三卷,共分十类:源、具、造、器、煮、饮、事、出、略、图。末附茶法一卷,这是一部内容丰富、编次有法的集大成的撰著,在"九之略"中首先列出了"茶事著述各自",自唐陆羽《茶经》至清佩文斋《群芳谱茶谱》,共七十二种。当然还有漏略,但即此也可说是洋洋大观了。照例底下还有诗文略。当然不过是稍加点缀而已。其实是收不胜收的。古今人诗集中谁没几首品茗的诗呢？如果今天要就陆氏书续加补辑，只此诗文一略，没有几十百万字怕就收容不下。当然这里不过是说说而已，无此必要也少有可能。不过我觉得有一篇文字应该是例外，那就是曹雪芹写的"贾宝玉品茶栊翠庵"，这是《红楼梦》的第四十一回，作者总共不过花了一千二百字的篇幅，可是品茶的全过程都细细地写到了，不只是写吃茶，同时还用轻盈准确的彩笔点染了人物，一颦一笑，都活生生地凸现出来。语言中充满了机锋，没有一字一句是可有可无的。表面看去，不过是闲闲写来，细加琢磨，知道这实在是精心结撰的。《红楼梦》中这一类精妙的片段是很多的。它们都可以独立成章，但又是整体的不可分割的有机组成部分。这就有些像戏曲里的折子戏，随便什么时候都是可以抽出来独立欣赏的。

栊翠庵的一幕出现在贾母带了刘姥姥游园火炽热闹大段故事的结尾处。浓墨重彩如火如荼的描绘中忽然投入清幽淡远的一笔，不但增加了文情的跌宕，也协调了全篇的节奏。正如盛宴之后端上来的一碟泡菜，是可以起清口的作用的。

　　贾母带了刘姥姥与众人，到了栊翠庵中，提出要吃茶。这以后妙玉的语言动作，就都从宝玉的眼中写出。妙玉亲自捧了一个海棠花式雕漆填金云龙献寿的小菜盘，里面放一个成窑五彩泥金小盖盅，奉与贾母。贾母道："我不吃六安茶。"妙玉笑说："知道，这是老君眉。"贾母又问是什么水，妙玉笑回，是旧年蠲的雨水。

　　从这简单的问答中，就点出了主客都是品茶的行家，并涉及了茶的品种与烹茶用水，这两处在《茶经》中都列入重要的项目，各用专章加以论述。此外就还有"茶之器"，妙玉给贾母专用的成窑五彩盖盅，给众人用的一色官窑脱胎填的盖碗，还有拉了宝钗黛玉吃体己茶时所用的茶器，都是为茶人所重视的，难怪作者要花力气来细工描写。宋江在浔阳楼上称赞说"美食不如美器"，在这里道理也是一样的。

　　妙玉给贾母和众人所用的茶器是实写，给宝钗、黛玉、宝玉所用的可就有些玄虚了。给宝钗的一只，杯旁有一耳，杯上镌着三个隶字，后有一行小真字是"晋王恺珍玩"，又有"宋元丰五年四月眉山苏轼见于秘府"一行小字。另一只形似钵而小，也有三个垂珠篆字，镌着"点犀盉"，则奉与黛玉。这些随笔点染，不能不使人想起秦可卿卧室里的古董陈设。这当然都出于作者的虚拟。两者用意并不相同，栊翠庵中品茶与可卿房中睡，到底写的不是同一类的故事。

《红楼梦》中写妙玉，笔墨不多可是多半与宝玉有牵连。算来只有宝玉向她乞红梅；宝玉生日，她投了"槛外人妙玉恭叩芳辰"的帖子，都是虚写，妙玉本人并未出场。还有就是凹晶馆联句由她出来收场，那是与黛玉湘云有关的。从前面两笔虚写中，也已暗点了妙玉对待宝玉的感情、态度。这一回栊翠庵品茶，才是正面的妙玉本传。她因刘姥姥吃过一口，就嫌脏不要了成窑茶杯；但却用自己常日吃茶的绿玉斗，斟茶给宝玉。来吃体己茶的三人中，宝钗黛玉是客，宝玉的关系又自不同，写得自然，但又刻露。宝玉却不知足，说什么"世法平等"，"他两个就用那样古玩奇珍，我就是个俗器子。"不知道宝玉是不是真的不理会妙玉拿他当作"自己人",才拿自己日常用的茶斗给他使,因此而引来了妙玉的反驳,"这是俗器?不是我说狂话,只怕你家里未必找的出这么一个俗器来呢!"难道这只是谈论茶具么?

在这一节文字中,妙玉对宝玉时时加以调侃、讥嘲,毫不假借,但口气中又处处露出非比寻常的亲昵,这与对待宝钗、黛玉的态度也有分明的差异。她笑宝玉要吃一海,说:"你虽吃得了,也没这些茶糟蹋。岂不闻一杯为品,二杯即是解渴的蠢物,三杯便是饮牛饮骡了。你吃这一海,便成什么?"这里所说,正是品茶的精髓,宝玉"细细吃了,果觉清淳无比"。轻轻一笔,却将品茶的趣味全然写出了。

妙玉心中的宝玉,在六十三回中单借邢岫烟之口点了出来。宝玉因接到妙玉"遥叩芳辰"的帖子,想不出怎样回复,正巧遇见并告诉了岫烟。

"岫烟听了宝玉之话,且只顾用眼上下细细打量了半日,方笑道,'怪道俗语说的闻名不如见面,又怪不得妙玉竟下这帖子给你,又怪不得上午竟给你那些梅花……"细细打量写得深入而突兀，难道她是初见宝玉么？岫烟是妙玉的旧交知己，从她口中的一番话，可不就说出了妙玉心目中的宝玉么？至于在栊翠庵中妙玉正色对宝玉说："你这遭吃的茶，是托她两个的福，独你来了，我是不能给你吃的。"实在说得极妙，也正经得好。试想，宝玉又哪能有机会自己一个人闯到栊翠庵来讨茶吃，妙玉又哪里有机会亲手给宝玉烹茶。说来说去，实在只有感谢宝钗和黛玉，当然也就不能不领她们的情。不只宝玉这样说，妙玉是也赞成的，"这话明白"。文章写到这里一泻而下，入情入理，但不细读恐怕就很难领略隐含在小儿女口角中的微妙含义。

这一节品茶文字，是议论烹茶用水而结束的。黛玉随口问："这水也是旧年的雨水？"却引来妙玉的一大段讨论：妙玉冷笑道："你这么个人，竟是大俗人，连水也尝不出来。这是五年前我在玄墓蟠香寺住着，收的梅花上的雪，共得了那鬼脸青的花瓮一瓮，总舍不得吃，埋在地下。今年夏天才开了，我只吃过一回，这是第二回了。你怎么尝不出来？隔年蠲的雨水，哪有这样的轻淳，如何吃得？"

　　《续茶经》"五之煮"部分几乎都说的是煮茶用水。可见正是茶人极为重视的，中国有那许多名家，也都是因烹茶而得名的。也间有说到用伏中雨水，用缸贮西湖水的。谢在杭说："惟雪水冬月藏之，入夏用乃绝佳。"是仅有的使用雪水的记录。不过只是一句话，远不及《红楼梦》的尽兴一写，来得笔酣墨饱。尤其值得注意的是妙玉对黛玉的批评，竟自如此不留余地。《红楼梦》写黛玉，是连一半句奚落的话也经不起的。这里却用"黛玉知她天性怪僻，不好多话，亦不好多坐"一句话收束，这和前面妙玉的"冷笑"，都是少见的特笔。难怪有人说妙玉是黛玉的影子，甚至说黛玉本是妙玉。这中间是有消息可寻的。《红楼梦》小说，书中保留了大量封建社会晚期风俗习惯的真实记录，其价值不下于正史或野史，也许更加翔实而生动。这品茶的一章就是好例，又因为它是伟大的小说，在事实的铺陈中处处不离人物性格的刻画，因之也就更为可贵。这就是我觉得续写《茶经》时千万不可遗漏了这一节好文章的理由。

茶的绿洲

梅南频

那蘑菇形的茶树齐得如阅兵式的方阵，

气宇轩昂，生机勃勃，置身其中，仿佛漂浮

在透明的海洋上，热血奔涌，思维格外清晰。

　　也许是生长在这片得天独厚的土地上，因此有了茶
的缘分。每每举杯独饮，见壶中流出那一流飞瀑，便仿
佛全身心融汇于盎然的春意之中。壶中那一个小小的乾
坤，居然凝聚着天地日月之精华，又酿就一个醇厚的世界。
在袅袅的茶烟中，吮吸蒸腾出的一室氤氲，看那淡淡的
茶香弥漫于水气之间，令人感觉到如入五里雾中，飘飘
欲仙，两腋生风……

　　宜兴人对茶事的热心不亚于对陶的兴趣，相比之下，
兴许更烈。旧时，民间有许多茶楼茶舍茶馆，一般傍水

而筑，几张八仙桌，围坐一帮茶友，一人一壶，细细地品，一边听那河中欸乃之声，说古论今，不觉时光。这种茶赤橙色的浓，颜色鲜亮而且厚实，喝一口，苦而清香，待咽下之后才觉舌本留有余甘回味，便越品越来劲，越品越有味。这是一种茶文化的氛围。茶事者一般为上了年纪的男性，神情专注却又不拘谨，具有闲云野鹤般的情趣，悠悠然飘飘然，完全是一种洒脱自然的生活化饮茶方式。倘有客来或见了老友，则以茶代酒，斟上一杯，互道家常问候。这类茶馆生意永不清淡，光顾者亦全是常客，店主与茶客之间淡化了那种买卖关系。倘若某日某位茶客未到，便会有茶友登门问候。在这个茶世界里具有茶一般的真情和厚谊。因此，尽管沧桑巨变，茶事不衰，至今仍有这样的茶馆存在。

宜兴的茶文化是与她江南水乡的富饶分不开的。这块活土位于江苏省的南端，紧邻着浙江，与安徽交界。东滨烟波浩瀚的太湖，港渎纷歧；南依小茅山腹，多崇山峻岭；西北则是一大片平原，芦舍相望，阡陌纵横，河川交叉。水源从诸山顺势而下，有的流入河港，有的蓄于东西两氿，湖泊池塘尤如星罗棋布，鱼米丝麻莲藕菱贝，物产丰富，是江南典型的富庶仙乡，被概括称为"陶的世界，洞的天地，茶的绿洲，竹的海洋"。

爱茶的人士会知道阳羡茶这个芳香的珍品。这种茶就产在宜兴。宜兴古称为荆溪，因苍山清溪而得名。后来改为阳羡。那是秦始皇统一中国之后。三国时，十五岁的孙权便在那里当阳羡长。其时，阳羡茶就享有盛誉。据古籍和方志记载，汉代就有了"阳羡买茶"和"课童学艺"的传说，开始招收学童传授茶叶生产技艺。唐肃宗年间，阳羡茶列为进贡珍品，每年进贡达万两以上。朝廷为了保证阳羡茶的来源，专派茶吏太监到阳羡设立"茶舍""贡茶院"，专管督茶、品尝和鉴定。每年春分刚过，茶芽如雀舌含笑枝头之际，便招来民间妙龄女子在带露的早晨用舌尖去衔摘。贡茶制成后，便派专人策马日夜兼程，赶赴朝廷的"清明宴"。因此，阳羡茶也有"急程茶"之说。陆羽品尝了阳羡茶后称之为"芳香冠世产"，并有诗云："天子未尝阳羡茶，百草不敢先开花"。足见阳羡茶之珍贵了。

阳羡茶事的兴盛，也给陶业萌发了生机。紫砂壶的兴起便成为自然而然的事。有了如此的好茶，使得当地的陶器家具备了茶的知识，而用当地的陶土与茶结合制成的茶具，更成为"世间茶具堪为首"的器物。特别是明洪武七年，废龙团改散茶之后，茶的品法有了重大改变，由原来的烹煮改为冲泡，使得泡茶之壶与茶相提并论。加之当时文人雅士、达官贵人对茶的雅爱，推屋及乌使得宜兴的紫砂壶声名鹊起，逐渐地将陶文化发展壮大，并与茶文化有机地融汇贯通，形成了宜兴独特的阳羡文化圈。这也许该属于中华文化之一。如果潜心去研究一番，兴许真有许多有价值的文章可写。

宜兴茶风也许是全国首屈一指的。有壶有茶，全然不需为来源费心机。只是近代的节奏加快，已从品茶及怡情养性的雏形，渐渐推广为大众化的品饮习俗，融入社会的每个层次每个角落。长者却仍讲究自我睿智的开发，有"酸甜涩调太和，掌握迟速量适中"的中庸之道；有"朴实古雅去虚华，宁静致远隐沉毅"的行俭之德；有"奉茶为礼尊长者，备茶浓意表情谊"的明伦之礼；

有"饮罢佳茗方知深，赞叹此乃草中英"的谦和之行。

因此，我对茶有种别样的情感，尊如长者，奉似恩师。每年，我必到茶场去看看，那蘑菇形的茶树齐得如阅兵式的方阵，气宇轩昂，生机勃勃，置身其中，仿佛漂浮在透明的海洋上，热血奔涌，思维格外清晰。一望无垠的绿，膨胀着，泛滥着，会一下子感到宇宙的辽阔、天际的广袤。这里没有尔虞我诈，没有喧嚣纷杂，没有肆虐摧残。有的则是坦荡明净，若谷虚怀。那一片浓郁的绿色，向我诉说着大地母亲的恩爱，日月天轮的恩泽，生机勃发的愉悦，仿佛这灿烂的清明完全属于了我，这深黛的世界彻底融化了我。

这是一个哥伦布永远没见着的绿洲，这绿洲，每个地方都透溢出强烈的柔情。

目前，宜兴拥有57300亩茶园，每年向人们奉献出3200多担香茗。阳羡茶也由昔日单一的红条茶发展到炒青、烘青、旗枪、碧螺春绿茶、花茶以及出口红碎茶等多种茶类。1984年，又试制成阳羡雪芽、阳羡茶、竹叶青、阳羡青茶、阳羡金毫、红岭红毫、芙蓉珍眉等高档红绿茶。

茶叶加工工艺也由手搓脚踩的陈旧方法进入普遍实现机械化生产，提高了茶叶品质，使阳羡茶姿色更娇。

茶在英国

萧乾

> 作为一种社交方式，我觉得茶会不但比
> 宴会节约，也实惠并且文雅多了。

中国人常说，好吃不如饺子，舒服不如躺着。英国人在生活上最大的享受，莫如在起床前倚枕喝上一杯热茶。四十年代在英国去朋友家度周末，入寝前，主人有时会问一声：早晨要不要给你送杯茶去？

那时，我有位澳大利亚朋友——著名男高音纳尔逊·伊灵沃茨。退休后，他在斯坦因斯镇买了一幢临泰晤士河的别墅。他平生有两大嗜好：一是游泳，二是饮茶。游泳，河就在他窗下。为了清早一睁眼就喝上热茶，他在床头设有一套茶具，墙上安装了插销。每晚睡前他总在小茶壶里放好适量的茶叶，小电锅里放上水。一睁眼，只消插上电，顷刻间就沏上茶了。他非常得意这套设备。他总一边啜着，一边哼起什么咏叹调。

从二次大战的配给，最能看出茶在英国人生活中的重要性。英国一向依仗有庞大帝国，生活物资大都靠船队运进。1939年9月宣战后，纳粹潜艇猖獗，英国商船在海上要冒很大风险，时常被鱼雷击沉。因此，只有绝对必需品才准运输（头六年，我就没见过一只香蕉）。然而在如此艰难的情况下，居民每月的配给还包括茶叶一包。在法国，咖啡的位置相当于英国的茶。那里的战时配给品种，短不了咖啡。1944年巴黎解放后，我在钱能欣兄家中喝过那种"战时咖啡"，实在难以下咽。据说是用炒橡皮树籽磨成的！

然而那时英国政府发给市民的并不是榆树叶，而是真正的锡兰（今斯里兰卡）生产的红茶。只是数量少得可怜，每个月每人只有二两。

我虽是蒙古族人，一辈子过的却是汉人生活，初抵英伦，我对于茶里放牛奶和糖，很不习惯。茶会上，女主人倒茶时，总要问一声："几块方糖？"开头，我总说："不要，谢谢。"但是很快我就发现，喝锡兰红茶，非加点糖奶不可。不然的话端起来，那茶是紫色的，仿佛是鸡血，喝到嘴里则苦涩得像吃未熟的柿子，所以锡兰茶亦有"黑茶"之称。

那些年想喝杯地道的红茶（大多是"大红袍"），就只有去广东人开的中国餐馆。至于龙井、香片，那就仅仅在梦境中或到哪位汉学家府上去串门，偶尔可以品尝到。那绿茶平时他们舍不得喝，待来了东方客人，才从橱柜的什么角落里掏出，边呷着茶边谈论李白和白居易。刹那间，那清香的茶水不知不觉把人带回到唐代的中国。

作为一种社交方式，我觉得茶会不但比宴会节约，也实惠并且文雅多了。首先是那气氛。友朋相聚，主要还是为叙叙旧，谈谈心，交换一下意见。宴会坐下来，满满一桌子名酒佳馔往往压倒一切。尤其吃鱼：为了怕小刺扎入喉间，只能埋头细嚼慢咽，这时，如果太讲礼节，只顾了同主人应对，一不当心，后果真非同小可！我曾多次在宴会上遇到很想与之深谈的人，而且彼此也大有可聊的。怎奈桌上杯盘交错，热气腾腾，即便是邻座，也不大谈得起来，倘若中间再隔了数人，就除了频频相互举杯，遥遥表示友好之情外，实在谈不上几句话。我尤其怕赴闹酒的宴会：出来一位打通关的勇将，摆起擂台，那就把宴请变成了灌醉。

茶会则不然。赴茶会的没有埋头大吃点心或捧杯牛饮的。谈话成为活动的中心。主持茶会真可说是一种灵巧的艺术。要既能引出大家共同关心的题目，又不让桌面胶着在一个话题上。待一个问题谈得差不多时，主人会很巧妙地转到另一个似是相关而又别一天地的话料儿上，自始至终能让场上保持热烈融洽的气氛。茶会结束后，人人仿佛都更聪明了些，相互间似乎也变得更为透明。在茶会上，既要能表现机智风趣，又忌讳说教卖弄。茶会最能使人觉得风流倜傥，也是训练外交官的极好场地。

英国人请人赴茶会时发的帖子最为别致含蓄。通常只写：

　　某某先生暨夫人

　　将于某年某月某日下午某时

在家

　　既不注明"恭候"，更不提茶会。萧伯纳曾开过一次玩笑，当他收到这样一张请帖时，他回了个明信片，上书：

萧伯纳暨夫人

将于某年某月某日下午某时

也在家

　　英国茶会上有个规矩：面包点心可以自取，但茶壶却始终由女主人掌握（正如男主人对壁炉的火具有专用权）。讲究的，除了茶壶之外，还备有一罐开水。女主人给每位客人倒茶时，都先问一下"浓还是淡"。如答以后者，她就在倒茶时，兑上点开水，放糖之前，也先问一声："您要几块？"初时，我感到太啰唆，殊不知这里包含着对客人的尊重之意。

　　我在英国还常赴一种很实惠的茶会，叫作"高茶"，实际上是把茶会同晚餐连在一起。茶会一般在四点至五点之间开始，高茶则多在五点开始。最初，桌上摆的和茶会一样，到六点以后，就陆续带上一些冷肉或炸食。

客人原座不动，谈话也不间断。我说高茶"很实惠"，不但指吃的样多量大，更是指这样连续四五个小时的相聚，大可以海阔天空地足聊一通。

茶会也是剑桥大学师生及同学之间交往的主要场合，甚至还可以说它是一种教学方式。每个学生都各有自己的导师。当年我那位导师是戴迪·瑞兰兹，他就经常约我去他寓所用茶。我们一边饮茶，一边就讨论起维吉尼亚·吴尔夫或戴维·赫·劳伦斯了。那些年，除了同学互请茶会外，我还不时地赴一些教授的茶会。其中有经济大师凯因斯的高足罗宾逊夫人和当时正在研究中国科学史的李约瑟，以及二十年代到中国讲过学的罗素。在这样的茶会，还常常遇到其他教授。他们记下我所在的学院后，也会来约请。人际关系就这么打开了。然而当时糖和茶的配给，每人每月就那一丁点儿，还能举行茶会吗？

这里就表现出英国国民性的两个方面，一是顽强：尽管四下里丢着卐字号炸弹，茶会照样举行不误；正如位于伦敦市中心的国家绘画馆也在大轰炸中照常举行"午餐音乐会"一样。这是在精神上顶住希特勒淫威的表现。另一方面是人际关系中讲求公道。每人的茶与糖配给既然少得那么可怜，赴茶会的客人大多从自己的配给中捏出一撮茶叶和一点糖，分别包起，走进客厅，一面寒暄，一面不露声色地把自己带来的小包包放在桌角。女主人会瞟上一眼，微笑着说："您太费心啦！"

关于中国对世界的贡献，经常被列举的是火药和造纸。然而在中西交通史上，茶叶理应占有它的位置。

茶叶似乎是十七世纪初由葡萄牙人最早引到欧洲的。1600年，英国茶商托马斯·加尔威写过《茶叶和种植、质量与品德》一书。英国的茶叶起初是东印度公司从厦门引进的。1677年，共进口了5000磅。十七世纪四十年代，英人在印度殖民地开始试种茶叶，那时可能就养成了在茶中加糖的习惯。1767年，一个叫作阿瑟·扬的人，在《农夫书简》中抱怨说，英国花在茶与糖上的钱太多了，"足够为400万人提供面包"。当时茶与酒的消耗量已并驾齐驱。1800那年，英国人消耗了15万吨糖，其中很大一部分是用在饮茶上的。

十七世纪中叶，英国上流社会已有了饮茶的习惯。以日记写作载入文学史的撒姆尔·佩皮斯在1660年9月25日的日记中作了饮茶的描述。当时上等茶叶每磅可售到10英镑——合成现在的英镑，不知要乘上几十几百倍了。所以只有王公贵族才喝得起。随着进口量的增加，茶变得普及了。1799年，一位伊顿爵士写道："任何人只消走进米德尔塞克斯或萨里都郡（按：均在伦敦西南）哪家贫民住的茅舍，都会发现他们不但从早到晚喝茶，而且晚餐桌上也是大量豪饮。"（见特里维林：《英国社会史》）。

　　茶叶还成了美国人抗英的独立战争的导火线，这就是历史上有名的"波士顿事件"。1773年12月16日，美国市民愤于英国殖民当局的苛捐杂税，就装扮成印第安人，登上开进波士顿的英轮，将船上一箱箱的茶叶投入海中，从而点燃独立运动的火炬。

　　咱们中国人大概很在乎口福，所以说起合不合自己的兴趣时，就用"口味"来形容，英国人更习惯于用茶来表示。当一个英国人不喜欢什么的时候，他就说："这不是我那杯茶。"

十八世纪以《训子家书》闻名的柴斯特顿勋爵（1694—1731）曾写道："尽管茶来自东方，它毕竟是绅士气味的。而可可则是个痞子，懦夫，一头粗野的猛兽。"这里，自然表现出他对非洲的轻蔑，但也看得出茶在那时是代表中国文明的。以英国为精神故乡的美国小说家亨利·杰姆士（1843—1916）在名著《仕女画像》一书中写道："人生最舒畅莫如饮下午茶的时刻。"

湖畔诗人柯勒律治（1772—1834）则慨叹道："为了喝到茶而感谢上帝！没有茶的世界真难以想象——那可怎么活呀！我幸而生在有了茶之后的世界。"

大碗茶之歌

绿原

> 那种由人民群众自己评断是非曲直的遗
> 风，在人民内部矛盾日新月异的今天，我以
> 为无论如何还是值得继承的。

真正的大碗茶怕早没有了，它在人们的印象中怕早淡化了。

不过十来年以前，要是你忙于生计，例如为自己的"平反"而奔波，实在赶得口干舌燥，总不会不想起它来。可不是，一拐到前门楼附近，就听得见一片殷勤的呼唤声，随手给你捧上一碗沁人心脾的凉茶来，好舒服啊。如果不是只顾想自己的事，也肯抽空关心一下客观世界，那么咕咚咕咚一口气喝完之后，你就会发现：路边原来是一张看不出本色来的矮腿茶几，几上摆着四五只粗瓷饭

碗，也可能是玻璃杯子（有时还会盖上一小方块玻璃片），里面注满了淡黄淡黄的、想必搁久了因而降了温的茶水，旁边还有一只黑黢黢的铫子，或者一两只半新不旧的竹壳暖水瓶，或者（这就稀罕了）一座下部安着一个小水喉的白搪瓷大水箱，在旁边有时坐着一个沉默寡言的老娘儿们，更其常见的却是一个拿着一本书的、隐约有点学生模样的大龄少女，或者简直是一个身强力壮的大小伙子。你不免诧异起来：年纪轻轻的，坐在这里卖大碗茶，一天能卖几个钱呢？可再想一下，就会恍然大悟：这些可是见过世面的人哪，他们奉命上山下乡，已经十年八年，既没有幸运参上军，也没有幸运被保送上大学，一直在那里受着似乎永远毕不了业的"再教育"；直到近几年，政策有点松动，才拼死拼活地把自己"办"了回来；可而今，除了一张户口申报单，他们什么也没有，不得已才在闹市的角落摆个小茶摊，一面卖点零用钱，一面抽空温温书，准备碰碰运气，报答一下自己行将逝去的青春。瞧你，你皱起了眉头，难道觉得碍眼吗，快乐的朋友？

想当年，我也蹲在那里喝过几次大碗茶，喝完了也跟茶座的主人们聊过几句天。而且，每次都是怀着"相逢何必曾相识"的心情走开。真不简单，个个都有一个唯愿再也不会发生的故事，这里用不着去讲了。倒是想起，当年为那种"知其不可为而为之"的精神所感动，曾经为他们写过这样一首诗，题目就叫做《大碗茶之歌》：

喝吧喝吧二分钱一碗 / 坐在马路边殷勤地呼唤 / 眼睛盯着布鞋皮鞋塑料鞋 / 游动着在灰海里像船

喝吧喝吧二分钱一碗 / 眼见随船流走了大好光阴不免心烦 / 一桶茶水可以兑出五十碗 / 真希望一上午把它兑完

喝吧喝吧二分钱一碗 / 人们走过去又走过来又走过去 / 碗盖上蒙上了薄薄一层灰雾 / 只好低下头来看自己的书

喝吧喝吧二分钱一碗 / 吆喝着同时为那无理方程式发怵 / 为它伤了好几晚上脑筋 / 还没有捉住里面那个未知数

喝吧喝吧二分钱一碗 / 唯愿明天明天就是明天 / 能意外地收到一张准考证 / 或者一张体检通知单

喝吧喝吧二分钱一碗 / 明天还将坐在马路边 / 干着嗓子殷勤地呼唤还是 / 跨进了课堂实验室或者什么车间

喝吧喝吧二分钱一碗 / 街道已经模糊成一团几何线条 / 低着头又抬起了头 / 人脸仿佛找到了固定的坐标

喝吧喝吧二分钱一碗 / 街上人真多可天凉了喝的人更少 / 没关系挪到一个犄角去 / 永远珍惜自己的一分一秒

喝吧喝吧二分钱一碗 / 不要腼腆不要沮丧不要苦闷 / 街上人真多个个都有前程 / 你不比他们聪明也不比他们笨

喝吧喝吧二分钱一碗 / 理想的逆光像北极星 / 从黄昏送你送你到黎明 / 将使你在无垠的迷惘中不断振奋

奇怪的是，这首诗写于八十年代初，到八十年代末一直没有发表过。为什么呢？原来出乎意外，不到一两年，刺激我写那首诗的"大碗茶"现象渐渐少了，以至绝迹了。那些"主"到哪儿去了呢？真是皇天不负苦心人，一个个都考进了大学？更可能是托"让一部分人先富起来"的福，一个个变成了"前门外的大亨"？在"全民皆商"

的那阵子，他们应当不愁找不到出路。我衷心愿他们真的能够先富起来，一首诗因此被埋没又算得了什么？于是，我告诫自己，社会是复杂的，今后不要轻信自己所谓的"感动"，同时也渐渐忘记了他们。

又是几年以后不知怎么回事（当然是我少见多怪），某些媒体上出现了一个似非而是的名词："大碗茶集团"。更有趣的是，接着从电视上看到，就在前门外路西南，堂而皇之地撑开了一个门面，招牌就叫作"大碗茶"，有没有"茶楼"、"茶馆"之类记不清，但"大碗茶"三个字是不会错的。据说这里不仅能够喝茶——那茶当然不再是淡黄淡黄的，搁久了因而降了温的，而且也决不止是"二分钱一碗"——而且还可以品尝一下北京的茶食；而且还可以欣赏北京著名的曲艺表演；而且还可以瞻仰到一些文化名人；而且恰逢特大节日，还可以有幸同平日只在电视上出现的大人物握握手……经济规律诚然难懂，我毕竟看见改革开放使我们的社会大变了样。但是，对于需要刮目相看的"大碗茶"招牌，我仍不免多少有点怀疑：难道这真是我当年在马路旁边灰海里打过交道的大碗茶的后身吗？几次路过前门，总想走进去看看，有没有我当年熟悉的面孔（其实不看可知，肯定是没有了），可惜每次都行色匆匆，失之交臂，至今还是一个"门外汉"。倒是听人说，"大碗茶"越来越雅了。

想当年，大碗茶二分钱一碗，真正起到了消暑解渴的作用，真正满足了广大群众的需要，从而给一些有心人留下了难以磨灭的印象。今天的"大碗茶"，质量大大提高了，身份也大大抬高了——如果有谁再在马路上走得口干舌燥，要他贸然走进去，端起一碗凉茶喝了就走，试问他敢吗？即使主人有雅量，含笑过来招呼这位需要大于兴致的顾客。恐怕后者也未必会有时间和心情，来消受前者为他提供的超乎需要的服务吧。当然，没有意思请求"大碗茶"屈尊恢复寒酸的本色；只是想说，在向雍容华贵迈进的同时，仍能保持一点点亲民便民的风貌，也不枉用了那个动听的招牌。否则，像鲁迅在另一种情况下所说，"雅是雅了，但多数人看不懂，不要看，还觉得自己不配看了"。何况在大多数中国人的心目中，"雪中送炭"在道义上永远要高于"锦上添花"呢。

然而，最近又听说，"大碗茶"果然越来越雅，雅到觉得这块招牌的尘土味太浓，以至不得不改换一下，便改成了"老舍茶馆"。老舍先生是人人怀念的，用他的名讳做招牌，致力于建立一种茶馆文化，是非常有意思的。就此我想到，中国地道的茶馆除了让顾客品品茶，听听书，享享清福外，偶尔还有一种排忧解难的社会功能，是洋式酒吧、咖啡厅以及有古装仕女迎送的摩登茶座所不可比拟的。例如，从前在四川，发生了什么民事纠纷，一般先不忙于到法院里去告状，倒往往是张罗进茶馆请一些社会贤达评评理，此谓之"吃讲茶"。如果某方讲输了，他会很大方地吆喝一声："幺师（即跑堂伙计），茶钱我付了！"全部的茶钱由他付了，纠纷可以说解决了一半。旧社会的茶馆（当然不是茶馆本身）也许作恶多端，老舍先生在《茶馆》里就写到过，但那种由人民群众自己评断是非曲直的遗风，在人民内部矛盾日新月异的今天，我以为无论如何还是值得继承的。可这些都是题外话，和"大碗茶"已经没有什么关系了。

见证了一两代人的辛酸，我所熟悉、所留恋、所佩服的大碗茶终于没有了。且将这个"门外汉"的门外茶谈抄出来，寄给诗人袁鹰兄，让他聊备一格，编进他鼓吹广义茶文化的《清风集》里，尽管明知像当年大碗茶一样寡淡寡淡，没有半点瓜片、龙井、铁观音的味道。

村茶比酒香

〔台湾〕琦君

> 高玻璃杯中加入适度茶叶，开水一冲，
> 看茶叶载浮载沉，不饮也有一份悠闲情趣。

　　我出生于产茶的农村，长大于以"龙井茶，虎跑水"闻名全国的杭州，我却是个不懂茶滋味的俗人。人人都说茶可以清脾、固齿、明目，而我也许由于体质关系，一喝茶就感到胃不舒服，晚间喝茶便整夜失眠。而且喝茶后舌燥唇焦，非再喝可乐或汽水不可。相反的，如喝咖啡牛奶、糖，则生津解渴，舒适无比。从头到脚十足一个中国人，偏偏在这一点上沾了"洋气"，自己都百思不得其解。

　　中国茶叶是世界闻名的，台湾的乌龙、包种尤佳，我不会喝茶，真是福薄。日本人把茶道当作他们的国粹。

那年在东京参观八芳园茶道表演，尝了一口绿绿腻腻的苦水和陈年糕饼，实在是倒胃口。想想国内朋友们清茶一盏，促膝谈心的潇洒，岂是日本人那种装模作样的茶道所能比拟？有一位文友是最提倡喝茶的。他说茶是"国饮"，主张招待贵宾当以茶代替咖啡、牛奶，说得很有道理。每当朋友到他家时，他就捧出数组红泥小壶、小杯，殷勤劝饮。感于主人盛情，我也勉力品尝，渐渐地，觉得苦涩的浓茶，在齿颊间留下芳香。但每回饮罢归来，便得睁眼望天明，所以平时在家绝不敢尝试喝茶。

又有一位朋友也是茶客，他曾携了茶具来教我如何泡茶、品茶。他还说喝茶不一定要瓷茶杯，即使高玻璃杯中加入适度茶叶，开水一冲，看茶叶载浮载沉，不饮也有一份悠闲情趣。冬天满满一杯热茶，捧在手心可取暖。而现在人们为了方便，将茶叶装入棉纸袋，浸几分钟就取出扔掉，留下一杯"洗茶水"，实在是淡而无味。而且茶袋的茶都是次等茶叶碎片，哪有片片茶叶的一缕清香。

西洋人也愈来愈懂得喝茶了，他们比喻自己最嗜好的东西说 That's my cup of tea，而不说"咖啡"，可见他们对茶的欣赏。洋朋友来访，你不要给他斟酒，只要给他泡杯茶，就喝得津津有味。有一年圣诞节我寄给美国朋友一斤香片，她高兴得特为此举行一个"茶会"，以飨同好，临去每人还带一撮回去。读她信，真使我自惭这个赠茶者反不谙饮茶之乐。

中央大学一位同事是位懂得喝茶的雅士，大概是自幼受她母亲的熏陶。她前儿特地约了三位青年朋友，带我去淡水的龙山寺喝茶。我们一壶又一壶地喝，开水不尽地供应。我们开怀畅饮，纵声"高谈"，茶摊主人丝毫没有厌烦的神色。然后我们迎着落日余晖，参观幽静的淡水中学和天主堂，望着淡水河的粼粼银波，那一份静谧朴实的乡村气息，顿使人抛却尘嚣烦琐，悠然有返朴归真之感。我更回忆起杭州母校附近九溪十八涧的情景，习习凉风中，旧游如梦。我不禁念起夏瞿禅恩师的《鹧鸪天》中名句："短策暂辞奔竟场，同来此地乞清凉。若能杯水如名淡，应信村茶比酒香。"当年生活虽不像现在这般紧张匆忙，老师尚且厌倦奔竞，但愿以一盏村茶，啸遨山水间。现代人恓恓惶惶，竞逐于名利场中，是不是还能体会得出"村茶比酒香"的情趣呢？

龙井寺品茶

韩少华

> 人生所绝难企及的境界，或者叫作人世
> 间的无憾之境，给人留下的原就是因惊悚乃
> 至敬畏而生出的心灵的震颤么？

北京城大小茶叶店里难得见着龙井，这可是有些日子的事情了。

好在我自幼喝茶就杂。凡红、绿、花茶，乌龙茶，沱茶，以至高末儿，老梗儿，都来者不拒。不过，既生在京里，日常解渴倒是离不了京花茶，如"张一元"老茶庄的"香片"之类。有时候亲友们捎些个西湖龙井、武夷肉桂或是洞庭碧螺春，就往往要等来了客，才陪着尝尝。以至搁得久了，竟味同芦蕫了，也是有的。所以听说龙井脱销，倒也没怎么留意。

去年底，有个杭州的读者朋友，不知怎么得知我祖上原属浙籍，就寄来一筒龙井，附言说是"一级成色"，"暇时无妨品一品"。等我把茶沏了，斟上了，喝下去了，也没觉出什么了不得的味道来。心想，不是北京水质的过，就是我这个"京籍浙人"口味上早已木得可以了。至于"品一品"么，依然是不甚了了。

记得那年登莫干山，就试过剑溪水沏的荫山乌龙；后来游无锡惠山寺，又尝过"二泉"泡的大叶儿炒青；去年的伏天里，还在车过黔南小镇罗甸的时候，蒙主人好意，给我们一伙子喉咙里冒着烟儿的赶路人，烧了刚从苔岩底下汲来的清泉，沏了一大壶都匀毛尖……可细想这几遭儿跟茶的缘分，要么好茶缺好水，要么名泉陪了俗叶子，要么茶也好、水也好，却干脆就为了个解渴。只是三年前立春之后两天，在西湖龙井寺那回，仿佛才隐约着沾了沾那个"品"字的边儿。

那天，一场春雪过后，又续上了雨丝儿。冒着雨沿湖走去，还没到龙井寺，就渐渐觉出一阵子爽人的气息，挟着涧底崖头的松、柏、乌桕、冬青交融成的满山翠色，都扑着脸儿迎了来。转过山脚，又听得涧水从好一片山茶丛底下经过。拾级而上，才到了青岩环护着的龙井泉边。只见泉水从岩口里涌落，积成一凹清潭，静得跟凝住了似的。潭面上缓缓蒸腾着淡淡的、轻轻的暖烟，让人疑惑那泉脉里真的含着地母怀里头的温存。向潭的深处看去，不但见着了水底的细细的苔痕，还从那一片又一片苔茸静如沉碧的光景里，觉出了潭水的凝重。

这一潭水里，不见鱼。

不知道过了多久，抬头四下里一看，见山间一片青森森的，才猛觉出轻寒袭面，周围也不见个人影儿。想到这么一大片潭光烟景都归我独享了，心上头一时竟感到有些承受不住似的。

傍着龙井潭，又流连了好一会儿，才进了古寺的中庭。仰望正殿五间，隔着明窗也不见里面的庄严法相。佛殿似早已改作茶室了。进了殿门，又不见一个茶客，只得就近拣了个临窗的小桌子落了座。略一回顾，还没等我开口，就从那边窗下灶台旁早迎过一位老阿嫂来，见她含笑捧着个小巧的紫砂秋柿壶，并一只细釉子素白瓷挂里儿的紫砂枇杷盏，都轻轻儿安放在桌面上；放妥帖了，又微微一笑，说了句"难得好兴头，就尝尝梅家坞的吧"，随后转身到灶台那边，忙着自己的事情去了。

一对叫不上名目的小山雀，穿过雨丝，并着膀儿落到殿檐子外厢那棵老冬青上，躲到密密的枝叶间去；依稀见它们一边抖了抖翅子，一边头靠了头，轻音曼调，你言我语起来。这倒让我心头不免生出一点儿憾意：只听得鸟语，却没等上领略花香；这趟西子湖，来得似乎急躁了些……

估摸着壶里的叶子正渐渐舒展着，就浅浅地斟了半盏——见那茶色么，只得袭用前人拈出的"宛若新荷"几个字形容；也心领了紫陶杯偏挂上一层素白釉子里儿的那番美意。等举着茶盏到唇边，略呷了呷，只觉得淡而且爽，不像铁观音那么浓，那么执重；再呷一呷，又感到润喉而且清腑，不同于祁红那样一落肚就暖了个周到；随后，又细细呷了一呷，这才由心缝儿里渐渐渗出那么一种清淳微妙感觉来——哪怕你是刚从万丈红尘里腾挪出半侧身子，心里头正窝着个打翻了的五味瓶儿，可你一脚跨进此时此地这情境中来，举盏三呷之后，也会觉得换了一挂肚肠似的；什么"涤浊扬清""回肠荡气"一类话头，早已丢了用场。你或许压根儿也无缘玩味龚定庵"自家料理肠直"的句子，可你此时会觉得出，在这雪后雨中的龙井寺，任凭这窗下灶上煮滚了的龙井泉泡开了的龙井茶，经三呷而入腹，就把你的百结愁肠给料理得舒活起来——说得直白些，那可是连老妻幼子都不一定抚弄得到的去处呢……哦，记得《说文解字》段氏注里有"三口为品"的意思。既然"三口"之数已足，好歹也算把个"品"字给凑齐整了，何况窗下茶灶头的款款的沸声，檐前绿叶间的绵绵的情话，乃至那一潭的暖烟，满山的寒碧，已在不知不觉之间，悄悄儿地融进手掌心上这小半盏清茶的几许氤氲里来了呢。

茶盏，就这么半空着，我竟不敢也不忍斟第二盏了；纵然那些品茶品烟的里手们常说，"烟尝头口，茶饮二道"，也只得……

我简直无从知道此后还能不能机缘得再。即便有机会再游这古寺，再品一品这名茶，怕也难以重温今日这番情韵了。固然，这古寺长存，清泉长在，名茶也是长久备于此处的，似乎并不难重聚；可这雪后的微雨，这雨中的轻寒，这轻寒微雨中笼罩着的暖烟冷翠，以及这檐前的娇语同这窗下的炊声所相互溶融而生出的好一片恬静清空，怕是我此生此世绝难再遇到的了——更何况这一切竟是尽由我一个人独占独享的呢！

等我放下茶盏，舍下这半壶的荷色；等我起身离去，也没敢略一回眸；等我出了寺门，迤逦到山路转折处，才回头想再望一望那半山风物的时候——目光却被好一脉幽香挽在了一棵披着雪絮的山茶跟前。就这一瞬间，只见枝头竟绽出些似含羞又似含笑的花骨朵儿来。这就把我在寺里那点所谓"仅得鸟语，未领花香"的遗憾，也给补偿个圆满周详了；也就在这一瞬间，我竟肃然，惶然，悚然，回不转身子，挪不动脚步，只觉得一阵轻轻的战栗掠过了心头……

莫非……莫非这人生所绝难企及的境界，或者叫作人世间的无憾之境，给人留下的原就是因惊悚乃至敬畏而生出的心灵的震颤么？

匆匆回到北京，正遇上龙井脱销，仿佛也没引起什么感触。或可谓"曾经沧海"了吧……后来偶然从一位前辈藏书家那里，拣出了明人田艺蘅的笔记《煮泉小品》来，不禁又怀几许敬畏，把其中述及龙井泉、龙井茶的字句，随手抄下了这么几行：

今武林诸泉，惟龙泓入品，而茶亦惟龙泓山为最。又其上为老龙泓，寒碧倍之。其地产茶，为南北山绝品。

而那天从龙井寺下山，到茅家埠头搭船时候，蒙同舱一位老者告诉，说龙井寺偶尔拿出的梅家坞茶，是连杭州人也难得尝到的；至于梅家坞么，老者说，那地方正处于老龙泓山麓的阳坡上——未经古籍印验，那天所享即为"绝品"，让我难免又是一惊……

记得当日离龙井寺已渐近黄昏，雨复为雪。满湖里雪落无声，那老者也不再言语。舱间更只剩了些个空寂，也只可危坐舷边，任小船向着"平湖秋月"那边渡去……

嗜茶者说

韩作荣

> 细品茶的滋味，会知晓茶园四周栽植的是板栗树还是兰花，因为茶会吸纳花的香气。

　　每年清明、谷雨前后，总有朋友寄一点儿新茶来，这一袋或一小桶从复苏的枝条上采摘的新芽，在我看来，几近于灵魂的渗透、生命的游移。第一杯新茶的品饮，我会舍弃终日不离手的紫砂壶，将通透明亮的磨花玻璃杯纳入少许青茗，在炉灶旁看水在壶底张开鱼眼、吐出蟹沫，继而冲泡。于是乎水气环绕氤氲，茗芽在水中舒展，那芽鲜嫩、肥硕，叶则微小，连缀在茶芽之旁，一芽一叶、一芽两叶，透出一团新意，而水，却在淡绿中带一点儿微黄，呈现在面前的，有如微缩的江南，所谓风在茶中、云在茶中、雨在茶中了。

一杯新茶会给我这被烟熏黄的四壁带来生气，带来新鲜的气息，让眼睛蓦然一亮。看芽叶顶着一颗颗水珠，所谓"雀舌含珠"，这昏暗的小屋似乎也传来鸟的啼鸣。

待30秒过后，舒放的茶会溢出其独有的清香，静静地品一口，一股热流像一条线一样深入胸腹，可香气仍留在唇齿之间。从茶芽的"环肥燕瘦"，会领略茶生于山前还是生于背阴的山后，细品茶的滋味，会知晓茶园四周栽植的是板栗树还是兰花，因为茶会吸纳花的香气。

新茶难觅，好茶无多。那大抵是因为中国的名茶为绿茶，且多为茶芽。茶树发芽时采摘，只能有几天的时间，所谓"早采三天是个宝，晚采三天便成草"了，芽是活物，并不等待采摘的手指。而一斤特级龙井含嫩芽3万余；一芽一叶，形如雀舌的碧螺春，一斤中含雀舌近7万。想于白毫萌生、嫩叶初展之际，凌晨夜露未碎时开始采摘，5名采茶女采一天，才能采摘出一斤龙井，难怪稀者为贵了。可茶芽细嫩，经不得浸泡，好茶第二泡最妙，第三杯还喝得，再泡第四杯水时则索然无味了。自然，好茶并非都是茶芽，中国的十大名茶中，"六安瓜片"均为瓜子形的嫩叶；"太平猴魁"则枝叶相连，于水中浸泡，有刀枪剑戟般的杀伐之态；而"铁观音"系粗老采，粗梗老叶半发酵后制成，仍为名茶，不过此类茶多为喝工夫茶所用。

对于饮茶，我虽为嗜茶者，在精于茶道者看来，尽管频多挑剔，仍是个饮茶无道者。想来，本人对茶道也算略知一二，但实感茶道的形式感过重，已不是品茶，而是和茶没有多少关连的一种仪式了；再则想讲究一番，也没有那个条件，所谓"茶文化"，也只能胡侃一番，让那茶便茶在文化里，和喝茶的嘴没有必然的联系。

古人称烹茶为煮泉，所谓水为茶之体，茶为水之魂，没有好水，那魂是不便附体的。烹茶以泉水为上，江水次之，井水为下，可城市中并非都有中冷泉、惠山泉、观音泉、虎跑泉、趵突泉这被茶客称道的五大名泉，所饮的地下水本属最次的烹茶之水，加之水污染，再美妙纯粹的灵魂也要附于病体之上，用这样的水泡茶，只能是一种遗憾了。烧水的壶以铜壶为最，在市场上也很难买到。泥炉大体可以自造，而烧水之柴，譬如广东的潮汕工夫茶，火必以橄榄核焚烧，让人哪里去找？水应为山坑石缝水，在马路上也是寻不来的。至于一套普通茶具也要大大小小百余件，人呼吸都不顺畅的小屋，买来这些茶具大抵也要塞在床底下，有这个必要吗？至于烫杯飞转成花，头冲水洗叶倒掉，二冲水沿泥壶的四周环入，不能直冲，以免冲破茶胆，倒茶对着杯子巡行至八分满谓"关公巡城"，直至点点滴滴最后滴下，谓之"韩信点兵"，这些似乎不难做到，但就我而言，也感到够啰唆的了。

真正饮茶有道者，该是日本人。所谓"和、敬、清、寂"为茶道四规，其最高境界为禅境，那种喝法，已接近一种宗教了。正如宗教中的仪式，宗教情感往往大于教义，日本人饮茶是最为程式化的，对茶室、茶具、茶水、环境布置、迎客、享客、送客、蒸茶，都有严格的仪式和要求。日本早期建造的茶室为"雅室"，体现的是"高尚的贫穷"，表现的是自然的原初意味，可细部安排所费心力不亚于宫殿与寺庙的建造，却绝没有富丽堂皇的人工雕饰及陈设。其室门高不过三尺，入都须曲膝躬身爬进去，为的是培养人谦恭的美德。室内几近空室，单纯、洁净，只有滚水沸腾的声音，茶铫的鸣声，有如天笼雾谷的瀑布的回声，海涛冲激礁岩的音响，也似雨打芭蕉、风吹松叶的萧萧之声。及至后来，禅家认为肉体的本身也不过是荒野之中的一间小屋而已，茶室作为逃避风雨暂时避难所，便趋于草率，马虎了；随后的个性强化，茶室建造得近于艺术作品，但其单纯朴实，不俗不艳，确成为灵魂的庇所，注重永恒之精神的追寻，成为避免纷扰的圣堂。

日本的茶道，品饮的已是一种精神。难怪一些官员商贾在繁难之暇都要来茶室让躁动不安的灵魂得以抚慰，求得宁静。来者一走入通往茶室的小径，路经其间的藤苔枯叶，林木扶疏之中便会给人一种身处自然、远离都市的感觉，作为禅境的初始，体验那种"孤绝"，或初醒者的"梦中徘徊"，会处于一种醇美之境的渴望里……

日本的茶道源于中国，可中国人在元代之后，茶道衰落，饮茶已趋于一种自然方式的清饮了，那便是既注重止渴生津，又注重体味茶中的世界。我倒认为，这种无道之饮未必不是一种好的品饮方式。过于讲究方式、礼仪，茶已非茶，倒失去了茶本身。茶之色、之香、之味，都在茶本身之中，其意味亦不在喝茶的方式里，茶对于人精神的抚慰，也是在饮茶之中方能获得。所谓精神，除去神灵的虚拟，也无非是指人的感知、情绪和意志，有如茶离不开水，灵魂也离不开人的肉体。茶，作为饮料，由于人的干渴才有意义，几碗热茶饮过，会顿觉通体舒泰，正如唐代诗人卢仝饮茶之体验，当轻汗尽向毛孔发散，让人感到肌骨轻灵，两腋间竟习习生出风来，可谓茶人合一，把茶喝透了。而这种通透的状态，肌骨轻灵的状态，既是生理的，也是心理的，那种恬静、安适，让紧缩的神经松弛，随茶绿进入一种情境之中，让人想起生存的重负，有如片状的龙井，杀青、揉捻、挤压之后已扁，人此时倒像一片被水泡开的青叶，因为"过去我就是这么舒放，当我还未从树上被一只手采摘下来的时候"。

如果说日本人喝茶是精神式的，英国人喝茶则是实惠式的。茶中要加奶、加糖。英国小说家葛辛在《草堂随笔》中谈及饮茶，认为英国家庭里下午的红茶与黄油面包是一日中最大的乐趣。

茶被英人看成绅士，在中国则被看成女人。林语堂曾把第二泡绿茶称为"少妇"。说起来，烟和茶都是植物的叶子，但烟和火相配，茶与水相配，我则认为烟属阳，茶属阴，烟是呛人的，具有进攻性，属一种强烈的刺激；而茶是清香、柔软的，具有吸纳性，是一种给予和抚慰。忆明珠先生曾说过茶能过滤梦境，已有了独特的体验。我想，忙忙碌碌的人，日理万机的人，如果能静下心来，喝一杯上好的绿茶，那该有洗涤灵魂的妙用的。

可在时下，饮茶已和茶本身的趣味越来越远了。茶楼作为谈生意的场所，让饮茶具有了新的内涵，或许可称之为时代特色吧。前些天在南昌，一些朋友曾一起吃早茶，第一次领略早茶的我才发现，几十种小菜，几十种点心任其选择，摆了满满一桌，皆精致尖新，可茶只有一壶，其味并不见佳，所谓吃早茶者，是吃一次丰富的早饭，那茶实在是可有可无的了。在餐桌上，我想起了《红楼梦》中的妙玉，她煎茶所用的水，是冬日收梅花上的雪，用鬼脸青花瓷瓮珍藏于地下，夏日才开瓮取用的。想来这么讲究的饮茶方式，大概也只在小说中很古典地存在了，人世间，恐怕再也不会有谁这般谈玄弄景。

不过，嗜茶的我还是固执地喜欢一杯雨前茶。茶会排烦解忧，给人以宁静，是人与自然融合的最佳方式。

坐茶馆

舒湮

茶馆毕竟是男人的世界。

茶的祖籍是在西南地区。贵州发现四千年前的茶籽化石。现在仍生存的云南勐海县黑山密林中的野生大茶树树龄约一千七百年,树高三十二米,可谓茶树之王了(茶是灌木,向无如此之高)。最早,茶是作为治病的药物,大约与"神农尝百草"的传说有关。茶由野生发展到人工栽培,在西汉时期。从晋到南北朝,茶树的栽培才沿江而下,传到江南,而到了唐代已渐普及全国,"天下尚茶成风"。著名的茶研究学者陆羽、卢仝便是唐代人。每诵"寒夜客来茶当酒,竹炉汤沸火初红"句,便使我想起当时是用清洌的泉水烹茶,茶叶煮熟味必苦涩,不一定合乎现在人的饮茶习惯。宋代民间茶肆林立,我去开封，曾去樊楼故址访古，怀想当初汴梁勾栏、瓦舍和茶楼的流风余韵，一点影子也没有了。一问，方知东京的陈迹，经过几度黄水泛滥，早埋藏在地下两三米处了。对茶道，我是外行，所知仅此而已，不敢炫惑欺人。

婴儿是喝奶水成长的，与茶无缘。我是什么时候开始喝第一口茶的，记不清了。童年时代，我生长在镇江，大人吃茶，我也跟着吃茶。当时一点不懂得茶叶有许多学问，饮茶有许多讲究，喝的究竟是龙井还是雨花茶也不知道。记得那时每逢伏天，父亲便在家门口设缸茶，供过路的穷人解暑。我想那茶叶一定好不了，决不会是毛尖、雀舌。茶杯从不消毒，人人拿起就喝，也没听说过闹肝炎。镇江江边有家"万全楼"，最近我去察看，原址早已不存，仅有一块基石——"万全楼旅馆"。据邻人说：楼早毁于火。当时，大人去吃早茶，常带我去。讲究的人自己带茶叶，这时才听说"龙井"这名字。茶博士的胳膊能搁一摞盖碗，他手提铜壶开水，对准茶碗连冲三次，滴水不漏，称作"凤凰三点头"。其实，我那时心不在茶，而注目于眼镜肴肉、三鲜干丝和冬笋蟹黄肉包子，吃完这些还得来碗刀鱼面或鳝丝面或鸡火面，肚子填满，然后牛饮几大碗茶解渴而去。离"万全楼"不远，还有家"美丽番茶馆"，当时是所谓"上流社会"的时髦交际场所。有一次，用罢奶油鲍鱼汤、牛排，端上一杯墨黑的茶水。我的塾师冬烘先生见别人往杯里加牛奶、加糖，也如法炮制，不料竟错将盐当糖，呷了一口，不禁皱起眉头勉强咽下喉咙，再也不敢喝了。事后，塾师对我说："番茶好吃，可最后这杯又咸又苦的洋茶，实在不敢恭维。"这种"洋盘"笑话今天听来还以为是故作惊人之笔呢。

镇江的对岸是扬州。夙知扬州人泡茶馆和泡澡堂子是两手绝活，流行一句谚语："早上皮包水，晚上水包皮。"我年少时仅去过扬州一次，亲戚邀我上闻名的"富春花局"吃早茶。当时这爿茶馆还是一座旧式的瓦房院落，摆设了许多花卉盆景，前前后后挤满了茶客，据说大都是盐商和买卖人谈交易。"富春"的茶叶与众不同，讲究"双拼"，杭州的龙井与安徽的魁针镶成。既有龙井的清香，也具魁针的醇厚。它的点心最精致，拿手的是三丁包子（鸡丁、肉丁、笋丁）、三鲜煮干丝、干菜包、烫面蒸肉饺、萝卜丝烧饼、翡翠烧卖、千层油糕等等，包子的美味至今半个世纪了依然为之垂涎。干丝讲究刀功，薄薄的一片豆腐干能切成二十片，再切细丝，切得细才入味。最近我又去了扬州一次，"富春"还是"富春"，可是点心的质量下降了。另外。扬州的"狮子头"，确比镇江高明，考究细切粗剁，肉嫩味鲜，团而不散，入口即化。扬州人取笑镇江的"狮子头"扔过江来能把人脑砸个大鼓包，言其坚硬而肉老。这是题外话了。

我在南京读中学，星期天也和同学上夫子庙吃茶，什么奇芳阁、六朝居、魁光阁都去过。我的目的不在饮，而在吃。茶馆供应的茶叶不讲究，那几家的点心也不如扬、镇，但是清真的煮干丝和牛肉面不赖。我喜欢用长条酥油烧饼蘸麻油吃。这样的烧饼不输黄桥，至今向往。泮池的秦淮画舫上也卖茶，不过那里以听歌选色为主，醉翁之意不在茶也。

后来到了上海，我一次也未去过城隍庙湖心亭的茶馆，更不敢上大马路和四马路的茶馆，那是流氓"白相人"吃"讲茶"的地方。南京路"新雅"每天下午开放二楼茶座。广东馆子不兴喝绿茶、花茶，我叫一壶水仙、菊普或铁观音，慢慢品茗。"新雅"的广东点心也很道地。一到四点钟，茶座上经常可以遇见文艺界的朋友，包括三十年代的"海派"作家、小报记者和电影明星之类，相互移座共饮，谈天说地，有些马路新闻和名人身边琐事的消息，便是由茶余中产生而见诸报章的。有时谈兴未尽，会有熟人提出会餐，愿"包底盘"下馆子吃一顿，五六个人也不过四五元钱。

苏州人也爱坐茶馆，多半是"书茶"。是为听评书、弹词而每日必到的老茶客。这种茶馆遍布大街小巷，而我却爱上"吴苑"。这里庭院深深，名花异草，煞是幽雅，似乎不见女茶客，也不卖点心，闲来嗑嗑瓜子而已，茶馆毕竟是男人的世界。

我在广东住的时间较久，不但城市到处有茶楼，农村四处也有茶居。广东人饮茶是"茶中有饮，饮中有茶"。珠江三角洲的耕田佬是每天三茶两饭。1949年前是早、中、晚都有茶可饮。天刚发亮，就有人赶去饮茶了。如果一个人独溜，先在茶楼门口租一叠小报慢慢消遣。老茶客照例是"一盅两件"（一杯茶，两个叉烧包或肠粉、烧卖、虾饺、马拉糕两件），花费有限，足以细水长流。午茶实际是午餐，除了各式茶点外，添售可以果腹的糯米鸡、裹蒸、炒河粉、伊府汤面、什锦炒饭等等。广东朋友常说："停日请你去饮茶。"实际算是最经济的请吃便饭。也有的只是一句随便应酬话，我也碰到这样的"孤寒佬"，晚茶都在晚餐之后，旨在朋友之间白天忙了一天，饭后休息，更晚的是十点以后的"宵夜"了。广东茶点真是五花八门、名目繁多，不像北京、天津一年四季的豆浆、油饼、果子。点心是推着车子送上桌的，随意开列几种：咸点如彩蝶金钱夹、肫片甘露批、脆皮鲮鱼角、香葱焗鸡卷、栗子鲜虾酥、鲜菇鸳鸯脯、煎酿禾花雀……甜点如生磨马蹄糕、杭仁莲蓉堆、鲜荔枝奶冻、云腿甘露菊、冰肉鸡蛋盏……另外有小碟豉汁排骨、凤爪、鸡翼等等。

真正考究饮茶的是粤东潮汕和闽南人。饮茶就是饮茶，一般去人家做客，主人捧出紫砂小壶、白瓷小杯和安放茶具的有孔瓷罐，随饮随沏，步骤有：治器、纳茶、候汤、冲煮、刮沫、淋罐、烫杯、洒茶八道程序，真是讲究到家了。壶内茶叶放得满满的，茶汁之浓似酒，缓缓地呷，细细地品，醇厚浓酽，清香甘芬，饮后回味无穷。闽南人非常考究叹茶（叹即品赏赞叹的意思）。茶叶用的是乌龙，讲求安溪的铁观音或武夷山岩茶，几乎天天饮、时时叹。所以人说："闽南人有因喝茶喝破产的。"我到了泉州、厦门，方知其言不虚。

抗日战争时期，我有大半时间在四川，东西南北的主要县城几乎跑遍。四川人惯饮沱茶，这是一种紧压茶，味浓烈而欠清香。四川到处有茶馆。山沟沟的穷乡也不例外。茶馆只卖茶，不卖点心，是名副其实的喝茶。沱茶很经泡，一盅茶可以喝半天，有人清早来沏盅沱茶，喝到中午回家吃饭，临走吩咐"幺师"："把茶碗给我搁好，晌午我还来。""幺师"便将他的茶碗盖翻过来，撂在一边。因此，茶可以上午喝，下午又喝。这种茶客可谓吝啬到家了。茶馆是"摆龙门阵"的地方。人说，四川朋友能说，可能是从"摆龙门阵"练出来的功夫，也许有此道理吧？四川茶馆也是旧社会"袍哥"们谈"公事"的场所。那时代，某些茶馆是与黑社会有联系的。有一次，我独自去川西北彝族地区办事。到了江油中坝，当地人说："再往山里去，路上不太平。中坝镇子上商会会长王大爷是这一带的'舵把子'。这人爱面子、讲交情，何妨去看望他，包管你沿途有人接待，平安无事。"果然，我每逢在墟场的茶馆歇脚，马上店老板就上前恭恭敬敬地连声问好。临走，我开销茶钱，店老板硬是不收，说是："王大爷打了招呼。你哥子也是茶台上的朋友，哪有收钱的道理？二回请还来摆嘛。"我正纳闷，长途电话也没这样快，店老板咋个晓得的？原来抬滑竿的伕子已被叮嘱过，让我一进茶馆就坐在当门的桌子口上，自有人前来照料，他们当我也是"袍哥大爷"呢！

　　谈到这里，我始终没涉及北京的茶馆。为什么？我在北京前后住了四十多年，说实在的，除了若干年前去中山公园长美轩、来今雨轩和北海漪澜堂、仿膳喝过香片之外，一次也未进过其他茶馆。现在公园里久不卖茶了，有的只是大碗茶，太没意思，对不起，不敢领教。

青山一杯茶

蓝翎

大城市人，委屈点儿吧，您哪！

在大城市喝了几十年茶，无论是红茶、绿茶或花茶，要问我有什么体验，一句话足够了：浑喝一气。

此话怎讲？在家烧上一壶水，或到锅炉房打上一暖瓶水，捏点茶叶放在杯子里，别管是真名茶，假名茶，上档次的，够不上档次的，用开水一冲，茶叶与水碱混舞，茶水浑浑浊浊，喝到口里，全是一个味，只可解渴，难言品茗。到了星级宾馆里，也是一个样，那暖瓶里的水早已低于泡茶的适宜温度了，效果更差。这还不是浑喝么。所以，住在城市里的谈茶文化，精神会饮而已，完全失去了可操作性。

实际生活中的长期尴尬，也许会在可遇而不可求的机遇中得到幸运的补偿，留下美好的印象令人念念不忘，永远难忘。

去年初夏，我们一行文人到浙江衢州乌溪江风景区参观访问。这个风景区在衢州的南郊，处于乌溪江的中下游。乌溪江至衢州东郊八衢江，再往下称兰溪江，继而汇入中外闻名的富春江。人说富春江的水好，青山下缓流碧水。我们曾乘汽车自桐庐沿江而上，一路观赏，的确名不虚传。可是一到了乌溪江风景区，感受又深了一层。这里的山不亚于富春江两岸的山，而这里的水却比富春江的水更好。

此话又怎讲，是否扬此抑彼？非也。现在的富春江已非郁达夫当年笔下的富春江，更不是徐霞客笔下的富春江，远看风采仍依旧，走下岸近水边再细看，有点浑了，江汇百支，泥沙俱下，也轻微地患了现代污染病。而它的上游支流之一的乌溪江，却仍保留着原始的风姿。乌溪江的上游，一源于浙江边沿的龙泉清井，一源于福建边沿的浦城石子岩，在仙霞岭中蜿蜒盘旋两百余里，山青水清。山间人稀，仍是竹篱石屋，更无现代的工厂，无污染源。至湖南镇，拦腰截断，高峡出平湖，以下依次相连修建四级水电站，也形成了四季风光宜人的景区。

去景区中心的湖南镇参观，一般多取水路，乘船观赏一路山光水色，故在连接下游的水库之间，修建了一个码头，兼作接待站。房子盖得很特殊，说圆不圆，说方不方，半面靠岸，绝大部分房脚伸入水库，如同水榭。临水小厅，全部明窗，既可远眺，亦可俯瞰。旁边石阶通码头，大小彩色游艇罗列水上。当我们稍有疲态地下车步入小厅坐定后，主人给每人献上一杯鲜茶。还未等主人致辞，我就先被这茶惊呆了。

透明的玻璃茶杯上，热气袅袅上升，杯里茶叶沉浮未定，渐渐舒展，薄如青绿的绫罗碎片。把杯在手，不见沉屑，捧到眼前，透过杯子依然能看到对岸远山的缩影。水至清则无鱼，对。那么，茶至清则无渣，方为极品，不可乱套用的。轻啜一口，是酽是淡，是清苦是微甘？是露烹是雪酿？说不出。待咽下咽喉，那留在尾后的味才出来。正像《老残游记》写在济南大明湖听白妞说书的感受，每个毛孔都感到滋润舒坦，欣欣然，飘飘然，不知其所以然。

　　这茶，不是历史上修行家那样地选水、选柴、选器地配成，而是就地取材。山脚坡地，茶树丛丛，云漂雾洗，绿叶无尘，反射金光。刚采摘制成的茶叶鲜而洁，品位不亚名牌。水是从江中直接提来的。这里不燃煤，不用液化气；不烧山柴，无烟熏火燎之味；临电站，不缺电，合上电闸，不时水沸。江水冲新茶，那味还用说嘛！

　　一杯清茶在手，临窗凝目观望，丽日蓝天，轻风拂面，空气清新，遮不住的青山隐隐，流不尽的绿水悠悠。贾宝玉低唱《红豆词》时，只能以想象中的青山绿水，比喻人的情思绵绵，哪有我等眼见得真看得明，只靠直觉即入心底。至于京剧里薛平贵唱的"一马离了西凉界……青是山绿是水花花世界……"顺口溜而已，从甘肃到长安哪有什么青山绿水？山是秃的，不长草木；水是浑的，泥汤滚滚。幸亏武家坡前无人同他对证，王宝钏到寒窑里也烧不出好茶来。作为戏迷，来到乌溪江，突然想起借来一用，倒正对景也。

　　正在凝思，忽听主人招呼登船。还有半杯茶在手，不忍弃之。怎么办？又不能像喝酒，一仰脖，"干"。还是一口一口慢慢饮吧。宁肯晚登船，也要把茶喝完。青山绿水的精灵神韵，全融解这杯清茶里了。

登上了游艇，我想的还是那杯茶。

到了湖中岛湘思山庄度假村，上竹楼，入茅舍，有各种饮料和矿泉水，我想的还是那杯茶。到了湖南镇电厂的接待室，满桌鲜枇杷，也有鲜茶，但我想的还是那杯茶。因室内有空调，但看不见室外，沐不到清风也。

回到北京，每逢喝茶，我又常想起那杯茶。口中虽无味，回味仍有余香也。窝在空气浑浊的城里，无青山无绿水，无清风无丽日，只配"浑喝一气"。大城市人，委屈点儿吧，您哪！

细说中国茶道：潮州工夫茶

雷铎

再好的"道"需以心受。

"人在草木中"，猜一字。谜底是：茶。道出茶中的天人合一观。

茶文化是古老的东方文明的骄傲之一。世界上最古老而完备的茶文化专著是中国陆羽的《茶经》。

世人皆知日本有茶道，殊不知中国亦有茶道——广东潮州的工夫茶，便是中国茶道的代表作。其历史较当代日本茶道更古老。

有"经"，且有"道"，便不仅仅是"一种饮料"，不仅仅是"用开水冲泡一种叫作 tea 的灌木叶子"。

"道"即"文化"，即"仪式"，即"意味"，即"形式"，即一个叫贝尔的洋人在《艺术》中说的"有意味的形式"，也可以说是一种生活艺术，一种包含着深厚的东方文化的东方哲学。

既然叫作"道"，便有"形而下"与"形而上"两层含义，茶为"体"，道为"用"，如燃烛见光，火为光体，光为火用。

这样说起来很复杂，需要"剥竹笋"，一层一层剥开，一如煮水泡茶，慢慢品味"个中三昧"。

先说潮州工夫茶"形而下"的一层：茶叶、水、茶具；然后再说工夫茶的冲泡方法、礼仪和种种讲究，由"体"及"用"。

中国工夫茶流行于闽南之漳州、厦门与广东之潮州、汕头及台湾一带，而最古老的，是潮州工夫茶，它与潮语（潮州话）、潮剧、潮菜、潮绣、潮州木雕和石雕一道，构成了中国汉族中独特的潮州文化——它不仅繁荣于潮州本土，亦流行于海外一切有潮州人的地方。

工夫茶对"硬件"的要求极严格：茶叶需是上好的福建乌龙茶族或潮州的凤凰茶（其实亦是乌龙茶的一种），茶分春茶与秋茶，春茶清醇，秋茶浓郁。细分其品种，则有"乌龙""色种""一枝春""大红袍""凤凰单丛"之类，再细分，"凤凰单丛"又有"白叶单丛"与"黄枝单丛"之别。其采制方法大同小异，既不同于绿茶的纯晾晒，也不同于红茶之纯烘烤或沱茶的全发酵，而是半晾晒、小烘炒、半发酵。因而，它集合了诸多茶派的长处：有绿茶的清香而无绿茶的生味，有红茶的醇厚而无红茶的暴烈，有沱茶的沉稳而无沱茶的枯老，不生不涩，不烈不老，既甘且醇，文武适中。茶种有别，但其上品，则皆具上述诸优点。

冲茶所用的水，分四等：一坑、二泉、三井、四溪。"坑"是山涧水，发于泉穴，流于泥沙石涧中，是"活水""动水"；泉是地下水，为"静水"，好的泉水，与涧水难分伯仲，一二之说，只是"方便之道"，以禅观之，是"分别心"；井水则是人工泉，不及山泉之幽静无染；溪水虽是活水，却含土味，故为下品。至于自来水，是现代产物，当代都市人，觅天然水而不可汲，以之代用，需储放数日，或用麦饭石之类过滤，方能汲天然水之纯净。

最讲究的，是"原山茶配原山水"，谓之"天然原配"。

至于茶具，若配备齐全，需有八种，曰："一罐、二炉、三炭、四扇、五锅、六壶、七杯、八漏"。

"罐"是储存茶叶的器皿，以锡壶为上选，密封性好，茶叶长贮不坏；其他金属、竹木属之皿，为代用品而已；

"炉"是炭炉，曰"风炉"，以红陶为之，形若圆筒，上有"三山"，前有"炉门"，中有"炉窗"，煤油炉、酒精炉、电炉、煤气炉，亦皆现代代用品而已；

"炭"之上品为"榄核炭"，以闽粤特产之橄榄核晒干后烧制，用之煮水，其火纯青，无烟无臭，而木炭，又优劣有别，等而下之，不可赘述；

"锅"是煮开水的壶，潮语称"锅"，多以铜铁为主，亦有专用陶锅者；

"扇"为炉扇，以羽毛扇或葵扇为通用；

"壶"的名目最多，以宜兴紫砂壶为上品，其他陶壶、瓷壶次之，茶壶造型千变万化，其名贵者，价值连城；

"杯"通常有陶与瓷二种，宜小不宜大，与半个鸡蛋壳相若，常与壶相配成套；

"漏"是盛冲泡时的余水之皿，又称"茶洗"。

近年，台湾工夫茶反传大陆，故今日的潮州工夫茶，又有引进台湾茶道之"闻香杯"与竹夹（夹杯洗杯用）、竹勺、木勺（舀水用）者，则已是"改良工夫茶"了。

工夫茶的冲泡，简而言之，有四道工：一水、二洗、三冲、四泡。水需"蟹目水"，火候在将滚未滚，细泡半成之际；无泡过"生"，全滚太"老"，皆不可用；"洗"是要烫壶洗杯；"冲"是注水入壶；"泡"是注茶入杯，要领是"高冲低泡"，"高冲"可透茶，"低泡"不生水沫。此外，还有"洗茶""刮沫"之类，"洗"是泡后的头遍茶液，弃之不饮，为的是去碎茶末及减其"表味"，"沫"是头三遍茶常有浮沫，故可用"茶瓯"（一种有盖的大杯）之瓯盖刮去。

以上所述，是冲泡工夫茶的"ABC"，至于常人所说的"关公巡城""韩信点兵"，是指泡茶时执壶"巡"行于群杯之上，壶中最后的茶液，需"点"干净，亦是常规常识，尚未进入"道"的层次。

所谓"道"者，即"礼"，即"仪"，即"心"。

"礼"者，"茶三酒四"，茶杯一般只用三至四只，因而，人多干杯时，"礼节见焉，先后分焉"。常规是先宾后主，先老后幼互相礼让，"礼义之邦"，其时见焉。

"仪"者，即仪式，这是最考究最复杂的一层。旧时显贵人家待贵客时，需扫几拂窗，焚香沐手，其慕敬之心，有如礼佛；待茶的人员，可多至四个：一琴师、一小童、一半老男子、一妙龄少女。小童扇炉，叫"茶童"；半老男子，叫"茶师父"；妙龄女子，无称谓，一般是婢女。茶师父取其老于道茶，少女取其年少姣好；前者要的是他的经验，后者要的是她的美好，前者为的是"口福"，后者为的是"眼福"——当然，这一切，已随一个时代的过去而"俱往矣"。当代人待客，未有这许多繁文缛节，主冲客饮，无琴，便用现代音响代替，亦是雅事一桩。

所谓"心"者，是工夫茶道的最高境界。以上所述，皆是"外在"，皆是"施"，唯有"心"是"内在"的"受"——再好的"道"需以心受。"众妙之门，存乎一心"，再好的茶，亦需以心受。故，饮茶之道，其终极，是以心受之，品其奥妙，是为至道。

以层次而论，茶有"三受三品三香"：一曰"鼻受臭（同"嗅"，读 xiù）品"，品其"溢香"——凡是好茶，未饮之先味已四溢，香不可言。以笔者一己之体会，潮州工夫茶，略逊于台湾茶道者，是少了一个专门用来"鼻品"的"闻香杯"，故引进之以改良。二曰"口受、舌品"，品其"喷香"，凡好茶液，入于口，及于舌尖，经舌上，过舌根，方入喉，极品之茶，其味无法言传，一合唇，茶香自口溢出，自鼻孔喷出，如此，百茶百味，千茶千味，未入心，心已受之。三曰"心受，神品"，品其"余香"，好茶品一口，其味若初恋，三年思之若美人。

禅宗说："吃饭喝茶，无非妙道"，妙在有心，片刻之享受，终身受益。人生的美好，便如品茶，无数闪光的片刻，组成殊堪品味回味的人生。

如此说来，喝茶，是世上最简单的事情，也是世上最复杂的事情。说简单，是平常喝法，一杯、一茶、一水，冲了喝便是。说复杂，是如本文所述，变为"文化"，变为"艺术"，变为"有意味的形式"，变为一种"仪式"、一种"道"。

东方文化之奥，便在于"讲究"，能从最简单处，得到无穷的体味，故工夫茶有"五行四德""三才四福"。五行者，茶为草木之属，炭为火之属，泉为水之属，器皿为金、土之属，一茶备，五行全。四德者"净、静、谨、敬"是也。三才者，天地人合一。春时品茶，世界绿染，执壶赏春，春风拂面，春色入心；夏日品茶，荷蕖争放，临水榭，赏清芳，盛夏之中，有"莲华世界"在；金秋品茶，黄英竞放，杯中有芳芬世界，心里有澄澈乾坤；冬时赏茶，有雪赏雪无雪想雪，倘是"踏雪寻梅"，自然更有诗意，倘无，清室拥暖炉，看水蒸云雾，壶藏乾坤，三杯入口，浑然忘我。如此，居于嚣嚣尘世，而得天地四时变化之妙，物我两忘，不论有无"琴师""茶童""茶师父"与"侍茶女"，只要有四时景色，种种天籁，清静梵心，则"口福，眼福，耳福，心福"四福皆备，人生有此，复何所求？

　　工夫茶文化，历史悠久，门派繁多，笔者虽自号"嗜"，亦仅是初涉此道；虽然"可以三日无书，不可一日无茶"，爱茶若妙人，亦仅仅是权作"门外茶谈"。末了，作打油诗一首。谓之《工夫茶杂咏》，曰：

一滴清茶藏大道，

五行四德兼三才；

三千世界寄须弥，

众妙之门为君开。

兴化的早茶

王慧骐

兴化人的率真、乐观和豁达，从这位吃
早茶的老人足见一斑。

第一次到兴化大约是 1973 年的冬日。彼时我二十岁
不到，高中毕了业，还待在家里待分配。去兴化当时只
能走水路，我随父亲在扬州渡江桥下面的码头上船，船
不大，却载了不少的客，船舱显得颇压抑，人站起来，
稍不留神会碰到头。天很冷，双脚搁铁板上冻得生疼。
起早上得船，天漆黑了才抵达兴化。

我们父子那次去，是为了大姐的婚事。大姐在 1968
年前后由扬州下乡去了兴化的钓鱼公社，后来有人给她
介绍了个对象，说是家在兴化城里，但家境却一般般。
父亲自然不希望女儿留在几百里之外的异乡，此次带我

前往是想做思想工作，劝大姐回心转意的，却不料，生性笃实却有几分执拗的大姐已听不进我们的"反调"。

父亲虽然很有威严，但不擅长说道，几轮言辞过后，也就没有什么"招"了。这时候，我把那个瘦瘦的戴着副深度近视眼镜不久后便成了我姐夫的人，拉到门外不远处的一条巷子里，说了一通今后不准欺负我姐姐之类的话，这场战斗也就算结束了。

次日晨，我们父子洗漱完毕，本拟打道回府，结果一大早大姐和那个瘦瘦的人便来我们下榻的小旅馆叫门，说要带我们去吃早茶。父亲脸还虎着哩，说不去！大姐和那人便没了言语，傻傻地在门前立着。如此这般挨了没多久，父亲似觉过意不去，也只好叫上我，跟着一道去了。

原本我估猜这早茶，许是吃两只包子，喝杯茶吧，顶多再来碗面条。孰料跨进那爿门脸不大的小饭店里，见桌上摆满了七盘八碟，肴肉、猪耳朵、猪头肉、花生米，什么都有，还平生第一次领教了那道里下河水乡的名菜——炝虾。欢蹦乱跳的白虾，浸在用白酒、米醋和姜末合成的调料里，虾在醉酒的状态下肆意地抖动，不时地还有一两只蹦出来。那味道自然不错，但我却几次迟疑着不敢下筷。

准姐夫一家操着父亲不太听得懂的兴化方言，很热情地劝父亲喝酒。印象中父亲从不在早晨喝酒的，但架不住那番劝，还是破例喝了。酒过三巡后，服务员端了点心上来，有好几种花色不同的包子，再后面是一大碗面，好像是鱼汤下的，奶白奶白的，煞是鲜美。

这以后我又陆陆续续地去过好几次兴化，也大都程度不同地享受过这早茶的待遇。年代越往后这菜肴和点心的制作越为精细，色、香、味的搭配亦更显匠心。单说那干丝，细细柔柔的，透着豆香，配料是上好的土鸡汤，那鲜是没得说的。干丝里放了青豆、虾仁、鸡丝、红椒丝等，色彩是何等跳跃！这样一道热腾腾的大菜搁你面前，哪怕你还睡眼惺忪呢，不愁你胃口不开！

确实也有早晨便劝人喝酒的，但这情景我见得不多。一般是主随客便，不强求的。一入席就坐，一杯碧绿的香茶便沏了上来。以茶代酒，先是品尝各种菜肴，而后各式精美细点就鱼贯而出。这其中兴化的蟹黄包，我尤为推崇。虽淮扬一带不少地方都有这美味，有的甚而还号称淮扬第一云云。但在鄙人品来，这郑板桥故乡的手艺绝不在那"第一"之下。

兴化人对早餐的讲究，个中所包含的意味，前不久我从老友金倜君的指点里获得。也是在一顿很惬意的早茶过后，我说出了心中的这份感觉。金倜君的回答是：其一，这表现了兴化人的勤勉，早起是祖祖辈辈一直保留下来的良好生活习惯。一日之计在于晨，早饭吃好，全天就好；其二，表现了兴化人对美好生活的追求，一早起来便有了创造的欲望，把菜呀点心呀都做出了那么高的水平，让更多人去享受。

对此，金倜君还给我讲了一个他长辈的故事。说那位长辈是一位中学校长，"文革"当中，红卫兵老是斗他，隔三差五地会揪着他去游街。而老人家每天去学校之前，一准会早早地把早茶吃了，一嘴油地从小店里出来。旁人不解呀，说愁都愁死了，哪还有什么心思吃早茶？老人家却一脸的自在：斗归斗，吃归吃，不吃那还不完了蛋！

嗬，还真是一副大将风度哩！我听了直喊佩服。兴化人的率真、乐观和豁达，从这位吃早茶的老人足见一斑。

茶事闲篇

吴志实

> 阳羡贡茶头一回让我发现什么是"本自天然"！

我喝茶是从喝花茶开始的，花茶也叫香片。后来改喝绿茶，绿茶的好处是本色天成，清香是自然的，有田野气息。不似花茶，人为的痕迹重，茉莉花、栀子花固然芬芳，可一入茶，茶的原味儿便都让花的香气夺去了。我想，北方人喜喝花茶和地理环境乃至长途贩运有关。因为茶叶娇气，最怕污秽之气，用花的香气来弥补是最好的办法。据说，南方的茶运到北方，起先是不加窨制的，只是杀青、揉制，等到了目的地才将茉莉花之类掺入其中，也叫窨窨。不知这说法准不准确。

尝到绿茶的好，是二十多年前到无锡。会间常有碧螺春喝，此茶过于清淡，大家说好，我则不以为然。会中去宜兴参观茶场，时值江南四月，阴雨霏霏。来到茶场场部楼上，凭栏眺望茶园，似观赏青绿山水画。主人将新茶泡上，我们一帮年轻人只顾说笑，没注意茶有何不同。可文坛耆宿唐弢、柯灵、黄裳却发话了，说这阳羡贡茶可不是一般的茶，要好好品才是，不然可就遗憾了……这时大家才留意，碧绿的水中，茶叶一旗一枪，浮浮沉沉，煞是好看。清幽的香气从杯口飘散开来，喝到口里慢慢回味，是沁人心脾的清雅醇郁。何谓好茶？阳羡贡茶头一回让我发现什么是"本自天然"！自此，便彻底弃花茶而改喝绿茶。

喝绿茶之外，我也喝红茶、普洱茶和乌龙茶。记得二十多年前去福建，泉州的朋友请我喝乌龙茶。他把喝茶的家伙带到宾馆（当时宾馆还不给客人预备喝工夫茶的器具），让我吃惊不说，也让我见识了闽南人喝茶是多么认真和执着。那一回是我第一次喝他们说的"工夫茶"，见朋友煞有介事地洗壶洗杯洗茶，滔滔不绝地讲着喝工夫茶的名堂，自己也着实兴奋得不行。

那次喝工夫茶我醉了。"醉茶"在早前我从没听说过，很难受，与醉酒不同，是一种清醒的头晕，连晚饭也没吃，一夜不眠。工夫茶真是了得！虽然朋友提醒我喝工夫茶要小口喝，慢慢品，可我没当回事，依然像北方人喝茶似的"牛饮"一气，结果成了大家的笑柄。

　　朋友那次招待我喝茶，是有所准备的。当时他打开几个纸包，里面是不同色形的茶叶，我看不出那些黑乎乎像树叶似的茶有什么特殊。他将不同的茶叶混在一起，很是得意，然后把茶放进已洗好的壶里，壶小杯也小，将壶内倒入水，再把水滗掉，复又加水，这套过程很是烦琐。说也怪，茶还未喝，茶的香气已氤氲开来。有意思的是，朋友端着壶沿托盘上的四五个茶盅倒了一圈，说这是"关公巡城"；又向每个杯中点了几点，把水填满，说这叫"韩信点兵"……我听了乐不可支。第一口茶喝下去，只觉口中苦涩，咂咂舌头，倒也清香满口，可浓酽的苦到底不是滋味。但几杯喝下，开始的苦慢慢变成了醇厚的甜，香气馥郁至极。朋友说，买来的茶绝无这样的味道。据他讲，他们这里会喝茶的人都是根据口味自己兑茶。他的理论是，乌龙茶有绿茶的香兼红茶的纯，但具体到大红袍、水仙、肉桂等等，虽然各有千秋，却也各有所短。因此把这些不同的茶互相搭配，喝起来的味道就大不同。朋友说，这就如同酒的勾兑，在高明的酒师手里，只几滴酒基，便可点石成金，变酸酿为玉液琼浆。不过这话，我至今存疑。

朋友的这番茶论，当时让我开窍不少，以为可以触类旁通，便在此后饮食方面格外留心，发现烹饪之道似乎也同此理。譬如求菜肴口味的纯正固然重要，会不会改良或调和，以适应不同地域人群的饮食习惯，那也是厨师离开本乡本土受不受欢迎的先决条件。淮扬菜到北方来大约就不能过甜；粤菜也如是，太清淡了，北人就会觉着滋味寡淡。不过话又说回来，有些事未必不是歪打正着。恰如朋友招待我的茶，他把几种武夷名丛拼兑到一起，让人尽享独具的"岩韵"，也未必不是一种喝法。

虽然这些年一直喝绿茶，但经历渐长，对茶也有了更多的体验。喝红茶，最早喝的是"祁门"，那是去安徽。后来到云南，又喝过"滇红"，这都是红茶中的名品，自然"宜红""川红"也尝过，但都是偶一为之，没留下什么印象。数次去云南，体会是滇绿的味道太重，口感就像那里人喜吃辣椒，过于刺激，滇红倒是可以接受。安徽的毛峰我常喝，而到了安徽，我以为祁红是不能不尝尝的。所以到了那里只要可能我都会要一杯祁门红茶，它香气浓郁似兰花，色感也好，尤其泡在玻璃杯里，茶汤红艳，如葡萄美酒。然而，红茶里认识最晚喝得最多的要数宜兴红茶。很多人都不知道宜兴也产红茶。十多年前，结识了那里的朋友，并且至今享受着他的口福。前两年好像是作家苏童就写过宜兴红茶的文章，他生活在那里，竟不知红茶的存在。苏童很感叹家乡有如此好茶他却不闻。老实说，在红茶里，宜兴的红茶是口感最温润，香气最独特的，在所有红茶中它属于不温不火、不急不躁的那种……打个比方吧：它是红茶中的小众，有如江南女子，长着一副美人坯子！能明白吗？不过至今宜兴红茶在市面上也是不多见的。也怪了！

茶喝的是一种心情，一种感觉。它所以成世界饮品，乃是人们不觉中赋予了它诸多的文化内涵，并由茶将这些文化的东西传递出去，形成认知，相互影响，最后又泛化开来，彼此渗透，最终成为一种载体，融入到生活的方方面面。

前些年去英国，对英国茶有了一点儿了解，回来翻书，知道英国人喝茶，中国是它的老家。虽然印度和斯里兰卡的红茶后来居上，但英国人不否认，是中国让他们知道了茶的美妙，像瓷器一样，使他们的生活又多了一种可以孤芳自赏的情调。说来还要感谢二百多年前的东印度公司，是它将大宗的茶叶贸易带入英国。我在伦敦的海洋博物馆就见到过当年运输茶叶的"飞蛾号"，船很轻巧也很漂亮，高扬着猎猎风帆。虽然它已是模型，仅供人瞻仰，但我觉着下到水里，一定还会乘风破浪。

在英国，茶从清晨便开始喝。丰盛的英国早餐不佐以茶是不行的，咖啡自然不能少，而红茶的显著位置却不能替代。不过最令人向往的还是英国的下午茶，那是一天中最悠闲的时刻。一杯红茶，几片甜点，如此简单的东西却能让英国人喝出令全世界都羡慕的情趣来，神神秘秘的日本"茶道"不可同日而语。我觉得，日本的

"茶道"不叫喝茶，那是举行仪式，与喝茶轻松的心境格格不入，那种累人的喝茶方式，也只有自以为是的日本人当作国粹。据说我们唐朝喝茶就是那样，传入日本，被他们保留至今。可我私下想，那种毫无意义的精致，多少都是食古不化。

说起英国人喝红茶，里边有很多故事。我在伦敦时光顾过著名的哈罗兹百货公司，它是英国皇家指定的购物场所，气派之大，豪华之极，世界上有钱人无不知晓，尤以卖茶的柜台前顾客最多。虽然英国人的喝茶历史不过几百年，但他们那种深入骨髓的热爱和须臾不可或缺的痴迷，让茶的故乡人也没有想到。为了留作纪念，也是想尝尝"哈罗兹"专卖的茶是何种味道，我破费了二十多英镑。回国后送了朋友两罐，自己留了一罐一直没喝，由于铁罐好看，古色古香，又印着哈罗兹的商标，便摆在书柜里欣赏。直到有天看书，读到一段十八世纪东印度公司经营出口中国茶的文字，忍俊不禁之余简直让人大跌眼镜。原来著名的英国混合茶，乃当年中国茶商弄虚作假之作，全都是蒙大鼻子洋人的。蒙大鼻子洋人其实也是不得已。当年，出口英国的茶叶流通运输环节繁多，长途贩运质量难以保障，长江流域的茶运到广东，已然费用上涨，再漂洋过海端上英国消费者的茶桌，耗损也就可想而知。羊毛出在羊身上。费用提高就难免要动心思，打歪主意，以次充好就避免不了。由于外销茶盯验不紧，中间商便不失时机地做起手脚，甚至将榆树叶、桑树叶和杨树叶掺进茶里充抵分量。谁知此番不道德行为，竟将错就错成为混合茶的标准，它的独特口味不仅英国人欣然接受，偏爱有加，而且还将其推向世界各地。真真是让人啼笑皆非！

不过平心而论，尝过英国的茶，你得承认它风味别具。当然，我的见识有限，说英国茶别有风味，是与我们的花茶相比较而言的。我们花茶的香，是浮在表面的，是窨的香，不是从骨子里渗透出来的。英国茶在给人口舌的快感之余，表现出的是浓厚和刺激，那香，是沉郁的。这一点，我认为与我们的绿茶大异其趣。我们品绿茶，是求内心的清幽和恬淡，问二者孰优孰劣，那是强人所难，只能说此乃文化的差异。

因此近两年，自己喝茶有意将口味放宽，虽以绿茶为主，却也来者不拒。譬如此刻正喝的普洱熟茶，就很合吾意。此茶香气醇厚，回味甘甜，颇有英国混合茶的神韵。这便让我怀疑，它的加工工艺是否与英国红茶的制作有异曲同工之妙？想想普洱茶杀青晒干后渥堆发酵，岂不与当年英国茶的生产颇多相似？倒是可以说说这些年普洱茶的疯狂，好像人们对它的追逐至今不衰。将它一忽捧上天一忽摔入地的始作俑者是谁？谁有资本？谁又在炒作？其用心何在？不说大家怕是心里也明白。普洱茶说来话长，可以单写文章，这里不说也罢。

　　说了半天茶给人的感受，其实不过是我们对生活的一种态度。

青钱柳

李培禹

> 修水的冬天不冷，青钱柳的枝叶仍是绿的。

在北京家中，我剪开一个来自江西修水的信封，一张绿色的卡片映入眼帘，几片柳叶衬托着盈盈的茶杯，一缕馨香似飘了出来。哦，这是朋友寄赠的"青钱柳"优惠购茶卡。小小的"绿卡"，把我的思绪一下拉到了江南的暖暖秋色中。

平生爱树，树中喜柳。民谚云"五九六九，沿河看柳"，柳是报春树。幼时读贺知章的"不知细叶谁裁出，二月春风似剪刀"，我就想那一定是写柳树的，因为家中小院里的柳树就长着细长细长的叶子嘛。上了北京二中，偶然得知我的语文老师赵庆培，就是那首儿歌"柳条儿青，柳条儿弯，柳条儿垂在小河边。折枝柳条儿做柳哨儿，吹支小曲唱春天"的作者，更添了对赵老师的崇拜。可见，我之喜柳是有因由的。

仲秋时节，来到江西修水，意外地结识了另一种柳——青钱柳。本来是跋涉在青山绿水间的一次小憩，口渴的我们喝到了一种味道甘醇、略带涩感的树茶，敏感的人马上说出这真像柳叶淡淡清香的味道。这才知道，主人招待我们的可不是一般的茶，而是当地的一种"神茶"——取自一种叫青钱柳的树叶。作家、诗人们的兴致来了，提出要去看看这种叫"青钱柳"的树。陪同我们的黄副县长恰是北宋大诗人、书法家黄庭坚的第34代后人，他说当年黄庭坚还留有品茶诗，更吊足了众人的胃口。然而，尽管修水是国内青钱柳最大的原产地，但要见到这种生存了千百年的神树的真容，并非易事。老黄说青钱柳在植物学中不是杨柳科属，而是胡桃科属的落叶乔木，是中国特有的单一属种，它的生存条件主要适宜在江西幕阜山脉与九岭山脉之间。所以，大片的种植园都在山上，而且没有车行道可达。开发青钱柳的是一家很有实力的大公司，但公司坚持不修路，说不能让汽车尾气污染了这片净土。每次去看茶园神树，都是叫司机远远地就停车，徒步山路，一走就是一个多小时，这样已坚持了十几年。见我们有些失望，老黄笑了，说："明天我带你们去看青钱柳。不过，不在山上。"

不在山上在哪儿？就在县城附近的神茶文化园大院里。显然，青钱柳茶的科研开发，已经成为修水县的支柱产业。翌日来到茶文化园，我们顾不上坐下来品茶，都跑到后院来看神树——青钱柳。真的，一排四棵枝繁叶茂的树在秋风中摇曳着碧绿的枝条。它们是公司动用了铲车、吊车、大型运输车从深山原产地移栽到这里的，为的是让远道而来的客人一睹芳容。这四棵树看上去不像我们见过的柳树，既不是高大的杨柳，也不是依依的垂柳，树叶同核桃树倒像是有些亲缘关系。但它就是柳。

"它就是柳！"公司一位主管科研的年轻副总说，"不信，你摘一片树叶尝尝。"真有人摘了一叶放嘴里了，引得大家笑起来。至于青钱柳的名字也有了答案，原来这种树还能结果，结出的果实很像串起来的铜钱儿，故名青钱柳，也叫摇钱树。"摇钱"不仅是指叶子的形状似铜钱儿，还有一层意思是它可作茶入口，有经济价值。修水人祖祖辈辈把柳叶加工成茶来饮用，也包括先贤黄庭坚。黄诗云："筠焙熟香茶，能医病眼花。因甘野夫食，聊寄法王家。石钵收云液，铜瓶煮露华。一瓯资舌本，吾欲问三车。"诗中的"三车"就是"三乘"，即菩萨乘、声闻乘、缘觉乘。这首《寄新茶与南禅师》中能医病的"香茶"，我臆想会不会与青钱柳有关呢？我想起前一天拜谒黄庭坚故居纪念馆时，还读到黄庭坚与苏轼的互和诗。看来，黄庭坚每到新茶采摘的时节，就会想起好友，以茶相赠。看这首给苏轼寄茶时的附诗："人间风日不到处，天上玉堂森宝书。想见东坡旧居士，挥毫百斛泻明珠。我家江南摘云腴，落硙霏霏雪不如。为公唤起黄州梦，独载扁舟向五湖。"呵呵，"我家江南摘云腴，落硙霏霏雪不如"，这是何等的意境啊！大文豪苏东坡当仁不让，步黄诗韵和道："江夏无双种奇茗，汝阴六一夸新书。磨成不敢付僮仆，自看汤雪生玑珠。列仙之儒瘠不腴，只有病渴同相如。明年我欲东南去，画舫何妨宿太湖。"

黄苏因茶赋诗，真是一段宋诗佳话。

　　往事越千年。现代社会要把柳叶做成茶叶，哪有那么简单！据介绍，这个过程历经十二年之久，科研团队终于拿出了鉴定成果：江西修水独有的青钱柳，含有多种药理活性成分，长期饮用可强身健体、增强免疫功能。在青钱柳神茶的"大本营"，我们看到各种茶产品琳琅满目，美不胜收。几位老作家纷纷品尝的是降压、降糖、降血脂的茶水，爱扎堆儿的美女们则在减肥茶系列里挑三拣四。我自觉身体尚可似乎需求不大，就和种柳树、做柳茶的员工们聊天。这一聊才知道，青钱柳茶的制作工艺，比传统的炒茶复杂多了。比如，降压茶主料是青钱柳叶，还要辅以药食两用的槐花、菊花和绿茶；降糖茶主料是青钱柳外，要加入黄芪、山药和绿茶。我粗算了一下，近百种产品就要有近百种配方啊。有人给我端上一杯热茶，绿绿的青钱柳叶浮动在杯中煞是好看。

　　平生爱树，树中喜柳。而今要加一句了：柳中有柳。

　　友人信中说，修水的冬天不冷，青钱柳的枝叶仍是绿的。

饮茶的异化

施亮

> 茶文化被异化的另一特征是"工夫茶"
> 已经越来越被"功利茶"所代替。

饮茶是文人们的清雅嗜好。著名现代文学家梁实秋、周作人等都写过"喝茶"的散文。周作人还将自己的住所命名为"苦茶庵",在《五十自寿诗》里写下了"旁人若问其中意,且到寒斋吃苦茶"的诗句。可惜他晚节不终,觍颜事敌,却是"又玷清名一盏茶"了。前一时期,北京的作家们流行喝工夫茶。喝工夫茶,需要闲工夫。最好是几人相对,品茗清谈,海阔天空,从风云时事至古玩书画,自俚俗鄙语到风雅高论,无所不及,市人谓之"侃大山",也是人生一大快事。

还记得,二十世纪九十年代初,我去诗人高洪波先生家品尝过真正的工夫茶。是极考究的紫砂茶具,小壶小盅如精美玩具,先喝哪一盅茶,再喝哪一盅茶,是有序列的,要细呷细品,才能觉出真滋味儿。茶水浓酽,数巡之后,舌根清涩,竟有越喝越苦、越苦越渴的感觉。走前,我又向他要了一大杯白开水灌下去,回家路上就一途尽找厕所了。

喝茶已经成为一种文化。中国的茶文化,日本的茶道文化,实际上是从苦涩清淡的茶水中去品味人世生活的隽永。这时,茶也从解渴、益身的效用中升华为"文化"了。经过紧张忙碌的一天后,若有清茶一盏,我们可仔细品出苦茶中的芬芳与清绝,在烦扰喧嚣的俗世中寻觅出一点点静谧,从宁静淡泊的心态里感受到某种永久的美与和谐,从清茶中又可品味出中国老、庄的哲学了。可惜,在现今的热闹社会中,这种茶文化也被逐渐异化了。

十余年前,一次,我与两个朋友去琉璃厂街逛累了,找到一处什么茶社,想在那里消乏解渴,悠闲一下子。那里颇清静,无一位顾客,环境也布置得极风雅,墙壁上挂满了名人字画。不过,当那位袅娜娉婷的小姐送上价目表，我吓了一跳，在这儿喝一回茶，足够我买半年的茶叶了！我忙起身，敬谢不敏，表示不想喝这儿的茶了。同来的一位香港朋友，却一定要在这儿坐一坐，他声言甘付茶资。我们也就只好陪他坐一坐了。那里的一切都是高档的，茶盏是极精致的古瓷，沏茶的水是玉泉山清泉，茶叶是上好的龙井，一碟白瓜子，一碟日本小点心，还有一碟宫廷茶食，我们在那里足足坐了两个多小时。

可是，说实话，我喝茶时的感觉却不是纤徐安闲的，内心里总好像有个疙瘩，似乎倒不如在街上痛饮两碗"大碗茶"更适意。后来，我明白了，这个疙瘩就是在于"钱"。虽然并不用我付茶资，却仍然认为这种"喝法儿"太过奢侈，反而找不着那种淡泊宁静的心态了。

茶文化被异化的另一特征是"工夫茶"已经越来越被"功利茶"所代替。自然，在市场经济社会中，每人都要为维持生计而奔波，也就拿不出太多的闲工夫来悠然品茗了。可是，一盏清茶却可以成为人们互相交易时的中介工具。因此，"吃早茶"也在生意场中一度时兴起来。

我不做生意，也就无缘总去"吃早茶"。有那么两回，也是朋友请客。到九点钟才开始吃，餐桌上摆满了虾饺、小笼汤包、豆沙粽子及各色精制餐点，而茶呢，早已黯然无色地退居其次又其次了。这一顿，足足吃了两个小时，已经实在搞不清楚是"早茶"呢，还是"午茶"了。这时候的"茶"，索性干干脆脆被异化掉了，它成了一副虚幌子。

无论如何，"吃早茶"尚有附庸风雅的意味。而"吃讲茶"，则是对茶文化的彻底糟蹋了。茅盾先生在《我走过的道路》中记述一件事，某书店请鲁迅及一群著名文人宴会，开首就提出变更一项合同。鲁迅当时很生气，把筷子一放说："这是吃讲茶的办法！"他起身就走了。随后，茅盾又解释道："上海流氓请人吃茶而强迫其人承认某事，谓之吃讲茶。"解放以前，茶馆是各色人物流连憩息的公众场所，也是开谈判的好地方。老舍的话剧《茶馆》就写出了时代变迁的悠忽尘梦，写出了古老中国茶文化的异变与衰落！在历史前进的洪流中，常会有一些沉渣又泛起，这种"吃讲茶"的方法是否又会再生？我不知道。但是，我希望不要如此。

一江水煮三省茶

杨多杰

　　陈鲜对克，新旧交融，在互相抵消对方
特质的过程中，融合出一个崭新的意境。

　　扬州城能吃早茶的地方很多，但我独爱富春。

　　这里的前身，是开设于清光绪十一年（1885）的富春花局。

　　1912 年，在时任扬州商会会长周谷人的建议下，富春掌门人陈步云在花局中开设茶社。

　　自此算起来，富春茶社也已是一座百年老店了。

　　茶社开张第一年，只经营单纯的茶水业务。随后，掌门人陈步云先后增添了枣泥包子、细沙包子、蟹黄包、雪菜包、三丁包等多种花色的茶点。质优味美，自是大受欢迎。1949 年后，又在富春的经营范围之内增添了炒菜。

至此，富春茶社便以"花、茶、点、菜"四绝闻名于世。

时至今日，"富春茶点"已是非物质文化遗产。虽然说是四绝，但富春至今仍以茶社自居。富春的茶若没有特别之处，想必也绝难在淮扬众多茶社之中立足。

著名美食家唐鲁孙先生曾在《富春花局》一文中写道："他家茶非青非红，既不是水仙香片，更不是普洱六安，可是泡出来的茶如润玉方斋，气清微苦。最妙的是续水两三次，茶味依旧淡远厚重，色香如初。"唐鲁孙先生家世显赫，是满洲镶红旗后裔，晚清珍妃的侄孙。由于出身，他幼年有机会接触到皇家生活。一生游遍全国，对饮食又有独到的见解。能让他赞不绝口的茶，定不是俗物。这款唐鲁孙口中"润玉方斋，气清微苦"的茶，正是富春的独家私房茶——"魁龙珠"。如今来富春，这款茶仍是我的最爱。它非红也非绿，非白又非黑，准确来讲是一款再加工拼配茶。

有些神秘色彩的"魁龙珠"，其实秘密就在名字当中。据说研制者陈步云老先生，是在三款参与拼配的茶名里各取一个字，便有了"魁龙珠"的名字。由于是来自三个省的茶拼在一起，所以魁龙珠又有"一江水煮三省茶"的美名。

长期以来，"魁龙珠"的配方一直属于一种商业机密，以至不同文献间的记载差别很大。《富春天下一品》一书中就说道："富春茶魁龙珠三字组成的茶名在视觉上高贵奇丽，听觉上响亮而又神秘。其实，这一名称并非刻意题取，而是分别代表了安徽魁针、浙江龙井和富春花局自产珠兰。"而珠兰到底是富春自种的花？还是窨制的花茶？文中描述并不清晰。

扬州吴道台府的后人，吴门四杰之一的剧作家吴白匋的说法与此不同。他在《我所知道的富春茶社》一文中写道："先从茶叶说起，服务员每天用锡制的小圆杯作为量具，把三种茶叶，即浙江龙井、湖南湘潭家圆奎针和扬州窨制的珠兰茶混合一壶。龙井取其色，珠兰取其香，奎针取其味厚而后劲大，合在一起，色香味俱全。"要按吴老的讲法，则是浙江龙井、湖南湘潭家圆奎针和扬州窨制的珠兰茶。他明确指出，珠兰是窨制花茶。对于"奎针"的描述，与《富春天下一品》中出入很大。

不仅产地不同，甚至用字都不一样。

为了"魁龙珠"的配方，我专门请教了富春集团总经理徐颖宏。据徐老师讲，"魁龙珠"的确如坊间传闻是由三款茶拼配而成。这三款茶，分别是产于安徽的魁针、产于浙江的龙井以及产于江苏扬州的珠兰花茶。(笔者按：所谓"魁针"者，产于安徽太平、歙县一带，与猴魁无关，条索工艺都更接近于今日之毛峰。)虽然具体比例不便公开，但徐老师透露给我是以龙井为主。这个配方自 1921 年创制至今，三款茶从未变化，只是珠兰花茶所占比例略有调整。

对于爱茶人来讲，配方只是谈资，好喝才是王道。陈步云老先生研制"魁龙珠"，也正是从口感出发。以龙井的细腻，加之魁针的厚重，再配上珠兰的香气，强强联合自然不同凡响。三款茶拼在一起，不仅在口味上互为补充，也客观上延长了耐泡程度。

自 1921 年问世至今，"魁龙珠"走过了近百年的历程。

拼配茶的生命力之强，可见一斑。

剧作家吴白匋文中记载，小伙计要用锡制量杯来拼配"魁龙珠"。那么也就是说，"魁龙珠"的拼配绝非恣意乱为，而是像做实验一样严格。这里面既要有配方，更要有经验，丝毫马虎不得。富春茶社为了配比精准，还定做了锡制量杯，这不就是一种匠人精神吗？

据说，富春茶社于二十世纪六十年代将"魁龙珠"的基本配方公布于众。一时间，扬州大小茶馆都卖起了魁龙珠，但不管如何，竟然还是"富春魁龙珠"最受欢迎。拿着同样的配方，怎么各家拼出来的茶味道不同呢？原来所谓配方，也绝不可机械地重复。因为每年的茶甚至每批的茶都有细微不同，若是完全按比例照搬就是刻舟求剑了。

拼配，远没有想象的简单。

前不久讲课时，我贡献出了自己生熟普洱搭配的"秘方"：三成生普洱，配上七成熟普洱，共入一壶，同时冲泡。同学们回去尝试后，也都啧啧称奇。有同学私下问我：杨老师，您是怎么想出这么个配方？其实，还真不是受了"魁龙珠"的启发，而是从美食中得到的灵感。大家常吃的鲜笋炒腊肉、小鸡炖蘑菇、陈年豆瓣鱼，都不是新老搭配吗？新鲜的嫩笋，配上陈放的腊肉；肥美的小鸡，炖煮风干的香菇；丰腴的鳜鱼，佐以发酵的豆瓣。顺理成章，那就可以用生普洱配上熟普洱喽。

三句话，又从茶桌绕回到厨房了。请同学们原谅我"亵渎"茶文化之罪。但两者之间，却有相通之处。陈鲜对克，新旧交融，在互相抵消对方特质的过程中，融合出一个崭新的意境。

淡定有茶

姚意克

学木匠先要学喝茶，这事听起来很新鲜！

　　每天挤车赶路，匆匆走进办公室，我首先要做的是沏上一杯茶，然后静静地品上几口，让一路颠簸紧张的心绪沉静下来之后，才开始一天的工作。这也是我多年养成的习惯。而且我发现，凡与我年纪相仿，并且也一样有着饮茶嗜好的人，也大都与我有着同样的习惯。

　　而我们办公室里的年轻人却不是这样，他们在案头电脑前，摆放的多是各种各样时尚的饮料。曾经有年轻的同事哂笑我说："您每天早晨像走'程序'般地沏茶喝茶，显得既古板又老派。"而我告诉他们："茶中自有气定神闲。喝茶是可以培养人的定力的。"年轻人听了只是笑。这让我不由想起了自己年轻时的一段经历……

年轻时我曾在北京郊区做过几年工人，那时候吃住都在厂里的宿舍。而宿舍旁边紧挨着的是木工班，木工班有位杨师傅，是北京通州人，木工手艺数一数二。那时候正是"文革"期间，买家具都要凭票供应，所以城里兴起了一阵居民自己打家具的热潮。也是借着"近水楼台"吧，我和另一位青工半开玩笑地提出要跟杨师傅学木匠，杨师傅竟然痛痛快快地就答应了。

学木匠先要学拉大锯开木头，这既是技术活又是体力活。但没想到的是，学徒第一天，杨师傅二话没说，首先拿出自己的茶叶桶推到我们面前说："去，每人给自己沏杯茶。以后跟我学木匠，就得先学会喝茶。"

学木匠先要学喝茶，这事听起来很新鲜！但后来我们才理解，做木工常常讲究的是"慢工出细活"。面对一块木料，经过锛、刨、斧、锯，如果稍有疏忽就可能前功尽弃，成为废料。而当时我们都是十几岁的毛头小伙子，平时干啥事都是心急气盛，甚至喝开水都嫌烫嘴，经常是对着水龙头咕嘟咕嘟就灌一肚子凉水。杨师傅要我们先学会喝茶，就是有意要磨磨我们的性子，让我们先定下心来才好学艺。

　　而我注意观察杨师傅，他每天到了木工房，总是先打来开水，沏好一壶茶，然后坐在准备加工的木料前，一边喝着茶，一边用眼睛丈量筹划着眼前的木料。待到茶水喝透，木料该在哪里打线，哪里落斧下锯，也就胸有成竹了。而几十年过去，当年杨师傅那份一丝不苟，沉稳淡定的样子，似乎还伴随着阵阵茶香让我历历在目。

　　喝茶可以修身养性，这也是中华茶文化得以传承光大的内在品质。古人讲："茶可行道，茶可雅志。" 中国茶道向来讲究"五境"之美，即茶叶、茶水、火候、茶具、环境。也就是说，只要你是品茶之人，在这"五境"的每一个细节，都应该有所遵循和规范，不可随性而无"礼"，以此求得修养、情绪、心境的和谐之美。所以，饮茶之道不仅是一种味道的享受，也是一种精神的抚慰和心绪的滋养。这也就难怪有人将中华茶道的构成归纳为"环境、礼法、茶艺、修行"四大要素。所谓"为茶之道，缺一不可"。

　　当然，现代社会，追求快节奏的生活，连饮食文化也进入到了速食、快餐的时代。年轻人喝着速成饮品长大，甚至把满大街风行的所谓"茶饮料"都当成是"茶文化"，很多人已经不再习惯像他们的前辈那样泡在茶桌前，为漫长繁琐的"茶道"耗费时间，这也是时代的变化。为此，我也常听有些做家长的抱怨，说现在的社会浮躁成风，让他们的孩子也变得更加现实并急功近利。

所以，凡有这样的家长问我：怎样才能让浮躁中的年轻人沉静下来，增强定力，以面对纷繁复杂的社会气定神闲，处事不惊？我则会告诉他们："那就让你的孩子去喝茶吧！"

散漫茶园

颜家文

它们依然散漫着。

清明雀儿迎着初春的雨雾，迎着寨子里锅盖下飘出的腊肉拌胡葱的香味，以及洒给先人坟前的苞谷烧，明亮亮地奏起了自己的乐曲。此时，古丈县城所在地的古阳小镇开始了采茶的日子。

小镇的茶园是散漫的，像一幅幅大大小小的壁画，不整齐地悬挂在那些山崖、陡坡。它们与梯田为伴，与桐林为伴，与白云为伴。有一个时期，人们为一种壮观和排场的需要，想把这些一块块散乱的画幅连缀起来，无奈有太多的沟壑，太多的悬坎，于是，它们依然散漫着。

清晨，躺在青山怀里的小镇从酣睡中醒来，石板小巷两侧的一扇扇木板门吱呀开了，穿着各色衣裙的人背着背篓、竹篮，像蚂蚁牵线一样，拉向了山坡。以笑骂间或一两句粗话作为相互间问候的声音，从这面山甩向那面坡，山和楼居然也会感兴趣地用回声重复这些戏谑。

"娘癫子，三妹，又想当冠军？"

"我昨儿只掐了几十斤。"

"哟，几十斤还少！"

"人家凤宝儿一百多斤你不讲。"

这是大忙时节的话。而在清明节前，难得有个太阳，地气热不过来，一簇簇茶树，还只冒出些毛茸茸的尖尖。得到清明以后好些日子，刚采完的茶树，当你第二天和它见面时，又齐刷刷地冒出一层绿油油的叶片来。"一年难老一个女，一夜老了一园茶"，说的就是这个时候。

学校放忙假了，机关干部也支援来了，人人都在山上染绿了自己的手指。

然而，正是毛茸茸的清明茶才是金贵的。值钱的必须由有经验的妇女采，一手提篮子，一手伸出两根纤细手指，对着绿叶中探出的如雀儿嘴一样的尖尖掐去，银亮的带着细细的白茸的毛尖就落到提篮中来了。倘若掐

时，连雀嘴下的茶节也一起掐下，会给喝茶人展示一个
板眼：当开水冲进杯子时，毛尖缓缓化开，一根根靠茶
节的重量，像针，直直地立在杯底。这不过是给人增加
一点品茗时的玄乎感而已。人们采茶时，不像弹钢琴、
绣花，这是一种灵巧的繁忙，总认为喝茶在于茶的级
数——从特级、一级到八级，茶农们能分得极为准确。

　　细细地将毛尖采来，还得由有经验的师傅炒。从杀青、
头锅、二锅……近八个环节，一一用手工操作，揉茶过
去用布袋，现在用揉茶机。特等毛尖，还是靠万能的手。
手工制作的这种原始又是现代文明所猎奇的推崇的。

　　忘不了的是采茶的季节。小镇四周第一圈是山，是
茶园；第二圈，坡脚是茶农的楼房。环城而居的茶农一
旦在茶坊里开始炒茶，小镇的每一扇窗户内和唯一的那
条大街上都会飘来茶香。芬芳、浓郁的茶香，扑鼻而来，
像一座水库，涨起了春水，荡漾来，荡漾去，就是流不走。
仿佛抓起一手空气，用力一捏，也会有一撮清香，甚至
放进茶杯可冲得开来。

　　小镇茶叶的特色，本地人做过许多解释。或得益于

土壤的酸碱适度，或得益于茶园零星夹杂在草木花丛中，吸收有山川、茶朵的灵气；还有的说，小镇四周山坡，经常云雾缭绕，"半山云雾若带然"，湿润的气候，云雾的精气滋养了它……

做酒讲究水，打豆腐讲究水，冲茶也讲究水。小镇有两大名产，一曰茶叶，二曰北泉。北泉在小镇之北，是从一座茶山浸出来的，清冽、透亮。炎夏的黄昏，小镇居民下河洗澡，人人都拎有热水瓶，回来，都要装上北泉水。这是小镇纯净的、质朴的、不加修饰、不受污染的"水果露""冰汽水"。仿佛这不是股泉水，而是一尊神灵，人们修了一座庙宇似的建筑把它保护起来了。

一壶滚开的北泉水，从火炉上提来，冲进杯里，茶叶即上下浮动起来。照例，第一杯水要倒去的，冲第二杯，水至一半，严严地将杯盖盖上，焖几分钟，才轻轻掀开盖子，试探地小口小口抿起来。

北泉冲茶究竟有何特点，我想三分可能是科学，七分则是小镇人心里的那一种自豪、神圣、韵味。

如今，清明雀儿一叫，小镇的街头，摊摊担担，那一堆堆银灰的毛尖就一个劲地向你诱惑了。

城市里没有清明雀儿叫，故乡将清明茶送到身边的时候，我才想起，清明过了。

捧着茶杯，我又徜徉进小镇的画幅中去了。我看见了山头轻易不散开的一缕缕浮游的白雾，我提着篮子又挤进了采茶的行列，并随手将一片绿茶嚼在口里，甜丝丝的；我走过了北泉的小亭，天并不热，没有去饮一回甘露；我游泳在清香的海洋里；我走过小桥，爬上了火车站，喘吁吁地登了九十多级陡峭的石阶，上到了月台，登上了火车。

在小镇茶山中穿过的长龙，在弥漫的茶香中呼吸了几分钟之后，带着芬芳远远地去了……